U0170708

朱家麟 著

中信出版集团 | 北京

图书在版编目（CIP）数据

吃海记 / 朱家麟著 . -- 北京：中信出版社，
2024.7
ISBN 978-7-5217-5119-2

Ⅰ . ①吃… Ⅱ . ①朱… Ⅲ . ①海鲜菜肴－饮食－文化
－中国－通俗读物 Ⅳ . ① TS971.2-49

中国版本图书馆 CIP 数据核字（2022）第 250738 号

吃海记
著者：　　 朱家麟
出版发行：中信出版集团股份有限公司
　　　　　（北京市朝阳区东三环北路 27 号嘉铭中心　邮编　100020）
承印者：北京利丰雅高长城印刷有限公司

开本：787mm×1092mm　1/16　　印张：18　　字数：280 千字
版次：2024 年 7 月第 1 版　　　　印次：2024 年 7 月第 1 次印刷
书号：ISBN 978–7–5217–5119–2
定价：88.00 元

目录

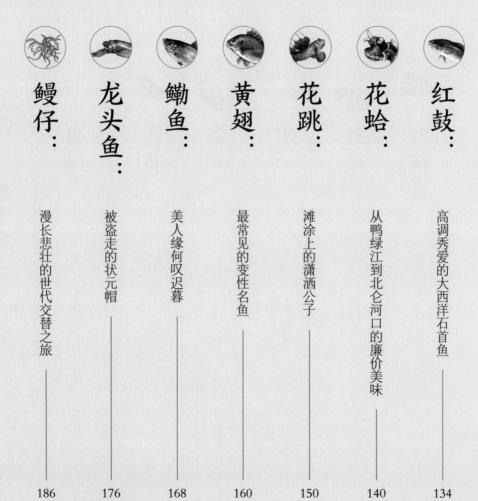

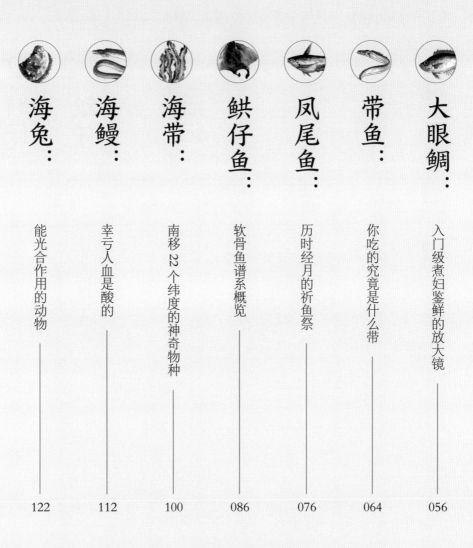

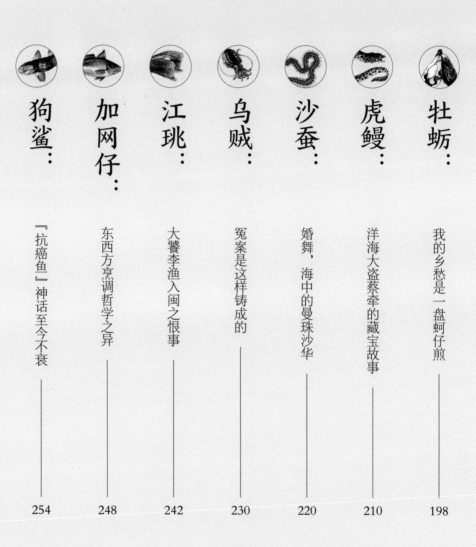

上周中学同学聚会，纪念入学一甲子。席间被众人褒扬，保养得好。明知话里有"褒扬水分"，还是显摆一番：一是做喜欢的事——长期"爬格子"写海鲜和海洋，好心情改善内分泌，乃养生要义；二是多吃海鲜，摄取稀缺的营养；三是适度运动。

于是被要求开临时小讲座，比如分享吃青背鱼为何能减肥。

同学惊异地说，你怎么懂那么多鱼？

我说当年放学，潮水合宜的日子我总早早回家赶海啊，更不用说周末、节假日。在海滩挖蛤蜊，到港汊摸鱼虾，抑或在暗夜独亮一盏渔火举罾，一年大半日子，家里饭桌上都有我奉上的海鲜。

后来兜转国内外各地，发现海鲜瘾太厉害，乡愁于我，乃一盘古早味的海蛎煎。宽泛地说，海鲜是人类最古老、最重要的文明基质之一。1950年，中国每年人均吃鱼不足一公斤，而今翻了几十倍，沿海城市如厦门，早已突破日本每年人均食鱼最高纪录——三十六公斤。捕捞、养殖科技的进步和物流的畅达，也赐益于内陆人群，在远离大海的拉萨，你同样能吃上活海鲜。

上瘾海鲜者越来越多，疑问声也越来越大：如何辨识品种呢？如何鉴别鲜度、安全性呢？如何料理呢？

退休后，遂借六十余年的吃海经验，动手写渔文化，探讨那些疑问。

称渔文化而不是鱼文化，乃论说海鲜，难避它的出身、生境，它如何与渔人交手，又如何被处置并端上餐桌——它与人交集的每个环节都酝酿文化。

《吃海记》成了自然科学、人文科学杂交的"四不像"，在海洋生物、生态、渔法、渔人、品食者故事和历史文图的研究之间，游走跳转。

就拿带鱼来说，曾是中国海洋"四大花旦"的带鱼，在西北太平洋的大陆沿岸流里养出一身嫩肉香脂，黄渤海油带、舟山小眼睛带鱼、闽南本港带鱼皆是其中的名品。十数年前，人们发现它变了，像黄绿眼的南海带鱼，背鳍下甚至有骨珠，人们便愤愤然于"鱼心不古"。

2018 年，科学家终于借助基因分析，结束百年争议，明确了日本带鱼和广布全球的白带鱼两个品种。人们才明白"冒牌货"乃进口的外海白带鱼。

除了物种和鲜度辨识，烹调与品食也是欣赏海鲜的必要修为。

烹调因海产鲜度、区域与菜肴功能而大相径庭：以潮汕打冷为经典的渔家船底菜、与陆荤山蔬结合的沿岸菜、应对各色人等的市井馆店菜、堂皇富贵的官府菜和大饕精制独享的私房菜。它们又因南甜北咸的习惯，形成不同烹调流派。时间也漉下了许多珍稀古方，"东夷""南蛮"给我们留下了生食、干制、腌渍、霉腐以及重度发酵的"黑暗料理"秘技。

这些流派和秘技在现代与八方厨艺密切融合，生成了新的海鲜菜肴，譬如中外结合的新粤菜和新日料，融合山海的闽菜、浙菜、海鲜川菜……菜肴随时代的进步而不断出新。

人类和其他所有陆生生物都是海洋生物后代。据说，我们作为五万年前走出非洲的现代智人，因早期采食水鲜海族而变得聪明，成为两百万年来走出非洲庇护地并存活下来的唯一一批人类。每个人的胚胎，都经历过数亿年自海而陆各阶段的形态。追究人与海的关系，探讨如何保护和可持续开发海洋，让餐桌上永远有海鲜，也是本书的应有之义。

《吃海记》以种种海鲜为线，串联经验、科学、文化与美味赏析。

数十年来，天南海北的朋友到厦门，我招待他们的主菜皆是海鲜。如今，对各地读者朋友，只能以海鲜故事酬答。期待《吃海记》能让你揣到鱼市参考，放到灶头借鉴，置于餐桌佐餐，助提你的吃海兴致与功夫。

　　一种一种，把"海"吃起来吧。

　　我特别想听听您的吃海感想，在这里留下邮箱——1583166715@qq.com，期待能收到批评、建议与海鲜故事，一起把后面的一网网海鲜烹调得更有滋味。

2023 年 10 月 28 日

记于厦门绿庐

巴浪：
闽南语系公众情人

巴

浪

蓝圆鲹

　　巴浪，鲈形目鲹科多种鱼类的泛称。常见的正巴浪，中文名蓝圆鲹或红背圆鲹（*Decapterus maruadsi*）；巴浪，中文名颌圆鲹或细鳞圆鲹（*Decapterus macarellus*）；竹叶巴浪，中文名长身圆鲹（*Decapterus macrosoma*）。它们共有的俗名还有硬尾、四破、甘广、金棍、鳀鲭、黄鲏、黄占、棍子鱼、刺巴鱼、池鱼等，福建有些地方把它们混称为鳀鱼。

　　日本竹䇲鱼，学名*Trachurus japonicus*，又称润身巴浪、大目鲭，鲹科竹䇲鱼属。

　　巴浪被老闽南人视为至爱的情人，一名之下，至少有五六种鱼。

　　它们都是流线型身材，背脊蓝黑、腹部银白，这是海洋表层洄游鱼类的标准特征。快速游泳使其进化出瘦长尾柄、大开裂尾鳍和降低水流阻力的锯齿状棱鳞。

　　几种巴浪，也借体形、侧线和棱鳞的差异来识别。

　　蓝圆鲹是巴浪名号的原始拥有者，有人唤它"正巴浪"。宽宽的侧线起于目上，随背脊线走到高处，陡然滑到肛门上方，再沿体侧中线向尾部延伸，棱鳞扩大并隆起为锐脊，到尾部又收窄，状如尖长梭镖。

　　竹叶巴浪的官名叫长身圆鲹，细侧线到身体高点后缓慢下滑，棱鳞只在后部正中行走。身材狭长而偏圆，闽南渔人也叫它"管子"，以喻其圆。各种巴浪的覆体鳞片出水后多蹭落，而它蹭脱得最干净，光溜溜的，更像圆管子啦。

　　巴浪，即颌圆鲹，形态介于蓝圆鲹和长身圆鲹之间。

　　资深煮夫煮妇知道，最好吃的是润身巴浪——雅号"真鲹"的竹筴鱼。身材比正巴浪宽、短、扁平，但棱鳞宽大且凸起，更突出的是那圆溜溜的大眼——俗称"大目鲭"。

　　偶尔也能见到红鳍红尾的无斑圆鲹，俗称台北巴浪。

　　近年捕捞技术发达，渔网可及800米深海，一些罕见的巴浪陆续现身，比如通体宛如镀金的穆氏圆鲹。

　　"还有一种像大目鲭，但身形更宽，叫'大目凸'，肉质柴些，"渔老大阮阿良和我讨论一番巴浪后，摇头笑道，"海里的鱼，认不完啊。"

发自脑后的侧线，特别是其中的棱鳞形态，是辨识巴浪品种的简单
标志。

巴浪活跃在暖水海域，跳趹于湛蓝洋面，一阵阵跃起落下，随波涛而去。明代胡世安《异鱼图赞补·闽集》把它叫作"波郎"。我认为此类鱼的原名是它，后来才畸变为"巴浪""巴拢"。

胡世安说，波郎"五六月间多结阵而来，多者一网可售数百金"。可见，其身价不菲。巴浪原不是常见鱼种，1980 年出版的《福建海洋经济鱼类》收录了台湾海峡常见的 125 种鱼，竟没有它。1970 年前，闽南民谚还说"肉油（猪油）煎巴浪，好吃不分翁（老公）"，这证明至少在贪吃婆娘眼里，它是稀罕美味。

巴浪之所以稀罕，一来种群弱小，二来旧时渔法是延绳钓，虽然用钩阵伺候，但它不易受骗吞钩。

闽江口向来盛产巴浪，混称"鲲鱼"。清代有一次大洪水，闽江冲下许多稻草。渔人发现众多巴浪隐蔽其下，

二

遂发明"鳀鱼树"：以大石绑数丈粗草索堕于海流中，隔二三十丈置一树。"树干"上隔半米扎一围稻草，巴浪、青花、鲲仔甚至鲣鱼等游来，个个口衔一茎，随波逍遥。

渔船绕树布完网，三四个大汉合力拔树外移。接着拢网，起网，多时一网四五千条，如此反复，不到一潮水就满舱。

我的老朋友张亚清，幼年随漳州石码渔业大队远征舟山。他回忆说，那是渔家唤作"十月烧"的天气。初冬回暖的大晴天，海面上突然有紫色波纹如云光倒映，远远近近，一片一片漾动。船长赶紧攀上桅顶兜椅，一看，不得了！每一片云光端头，是枪尖一样破浪的头鱼，领着鱼群粼粼移动。

满舱巴浪啊！（蔡祥山　供图）

19 世纪初在广东成书的《中国海鱼图解》，记录巴浪俗名为"慈鱼"，饥饿年代，我们真切体会了这名字的含义。

附带说明，《中国海鱼图解》是中国出口图画书的一种。绘者应是广州一带受过西洋标本画训练的画工。该书由荷兰驻中国领事带回荷兰，现藏于荷兰格罗宁根大学。全书 458 幅图，除海鱼之外，还有淡水鱼、两栖爬行动物和甲壳类等动物。这本图册的生物描摹，特征清晰，用色准确，写实程度远超此前三百年聂璜的《海错图》。

  对船公母分开，绕着"云朵"布网。头鱼似有察觉，转头领鱼群要游出包围。两船上的渔民用石头远掷，逼令头鱼折回。两船合拢起网，一两万斤，全是巴浪！

  他说，幸好只有一两万斤，若是更大鱼群，会把网撑破。石码渔民原来在内河、厦门湾捕鱼，网具落后。而巴浪也不像黄花鱼，黄花鱼落网后挤死了，鼓腹浮上，把渔网顶到水面，堆起一座鱼山，人能蹚过去；巴浪挤死了，铅块似的下坠，有时会把网坠穿。

  之后，他才注意到，舟山海边小石块都没了，敢情全被渔民捡去当石弹啦。

  1964 年，厦门港渔民在全省率先试验机帆船灯光围网作业成功，渔业进入了灯光诱捕、大围网、快速包抄的强力捕捞时代。中国海域的传统主角——大小黄花鱼、带鱼、墨鱼，在酷渔滥捕下日趋衰微。生命短、生长快、繁殖力强的巴浪，借机争夺了营养空间，到20世纪70年代骤然成为旺族。此后数十年，围网、拖网，用它喜欢的忧郁蓝光灯配合大围网诱捕，各种渔法发力，千万年来命定小角色的巴浪，突然被推上舞台中心，出演东海南海经济鱼类的第一要角。

三

20世纪70年代中期起，巴浪种群横行在北起黄渤海、日本本州，东到马里亚纳群岛，南至菲律宾、泰国的广阔海域。东海三个种群的捕获量，竟占据当地全年中上层渔获量的一半。

厦门渔业史专家陈复授先生回忆，20世纪70年代，巴浪极多。鲜吃不完，冻库满了，只能晒干。厦门港沙坡尾晒满了，便借邻近的厦大绿茵球场来晒，每年总有几个月飘扬着铺天盖地的鱼腥海臭。

当时的厦门人家，也在窗台、阳台、屋顶摊晒巴浪，两万多子弟在闽西插队呢。那些新"农哥"寡油绝腥，大肚汉一天不吃两斤米，走山路下水田腿都发软。幸好天赐贱价巴浪，父母弟妹用嘴里抠下的鱼，晒鱼干、做鱼松，遥寄山村。

晒巴浪很简单，蒸熟再暴晒就是了。有工夫就炊熟剔净骨刺，文火慢焙，用锅铲搓揉成丝，浇些酱油，再撒点糖，就炒成香喷喷的鱼松了。

巴浪鱼干、巴浪鱼松，成了当年厦门知青最主要的动物蛋白储备。记得有个春头，我们四条汉子的小食堂，全部荤味只有三斤生腌咸巴浪鱼干，专留着招待外地知青客人。一晚收工回来，山穷水尽，咸菜都没有。四个人又累又乏，粥熟了，等不得把它煎煮，草草水洗了，一人抢一条，撕咬着下粥。那口咸涩腥臭，一辈子不会忘记。

记忆中最好的巴浪鱼干，是知青朋友方俊达刚从厦门回来，取出整袋巴浪鱼干来下酒。他家的巴浪鱼干晒得如笋干般脆硬，一掰嘎嘣响，十分耐嚼，一条配下二两白酒，回味深长。

我的一位知青兄弟感慨：巴浪是我们青年时代的三大恩主之一，是知青"最家乡"的记忆。鱼是有季节的，但就这巴浪，四季皆有，价格也就格外亲民了。

四十多年前，公务员全年收入甚至抵不上个体户摆卖一天衣服赚的。巴浪一斤一角来钱，只有干部和蓬头百姓蹲在鱼摊前翻拣，于是得了个新名字——"干部鱼"，似乎是月薪数十元的国家干部专供鱼。风水轮流转，"干部"如今可以昂头过鱼市而视巴浪于无睹了。唯愚顽如我者，挚爱巴浪，忠贞不移。

巴浪从东北亚分布到东南亚海域，这是南亚某地的巴浪晒场。
（张伟伦　供图）

闽江口海量出产的巴浪，衍生出特别的烟熏工艺。巴浪汆熟沥干后入锅，锅底铺有草纸，用焦糖或麦芽糖熏蒸，鱼身金黄，卖相漂亮。

四

半世纪来，巴浪被推上东海渔获第一把交椅。对巴浪而言，或是喜剧；对人类来说，绝对是悲剧。

我看1929年的资料，闽南最主要的渔产是带鱼、大黄鱼、鱿鱼、鲳鱼、嘉腊、鲅仔，巴浪归在小宗杂鱼里，做梦也不敢想有扬眉吐气当大佬的一天。一甲子后，曾为中国带鱼第一捕捞大县的泉州惠安，1989年巴浪产量占全县捕捞量三分之一，竟是带鱼的两倍，而大黄鱼、嘉腊、鲅仔已从统计表中消失。

如果继续滥捕下去，斩获东海、南海第三轮捕捞量冠军头衔的巴浪，谁敢说不会重蹈大黄鱼覆灭前辙？

人工养殖的巴浪，身形滚圆。

（潘丹芸 供图）

近年福建东山出现了养殖巴浪，身价比野生者高十倍，身形滚圆，银皮泛白。以粗盐焗，腴肥嫩润，油香十足，吃两次就腻。但做刺身，滋味不逊上百元一斤的日本进口岛鲹。

巴浪周岁就能生殖，育龄有六。这些年大鱼被捕走了，主要生育鱼群由三龄提早到二龄，"小孩生小娃"，巴浪越来越小了。

2017 年我逛日本"都市厨房"京都锦市场、大阪黑门市场，见到的巴浪多是每条一斤半上下，乃日本近海所产。厦门老渔人说，20 世纪 70 年代初，还有一尺来长的巴浪，上岸后，用绳带将鱼尾一系，四条八条，沉甸甸的，提去看亲友。如今鱼一代代变小，用网兜装，一斤五七条，都是少年巴浪啊。

统计数据表明，全球海洋捕捞力还在劲猛增长，足够将全球海鱼捕捞四遍。就是生态友好型延绳钓，每年也新增 14 亿个鱼钩，新增鱼线可绕地球 550 圈。而现今最大的渔网，一张能装下 13 架波音 747 客机！

人类，给巴浪、水族，还有自己，留一条活路吧。

（上）
巴浪也可以玩高贵，比如加盐蒸到出汁，入冰箱冷冻，取出来布上洋葱、花生，淋上特制麻油和豉汁，在盛夏里让你体验深海的冰爽与秋野的郁香。
（张霖　供图）

（下）
养殖巴浪生鱼片脂香肉嫩，让老饕感叹不止。
（叶钊　供图）

菜蟳*……
好味端在八九分

菜

蟳

拟穴青蟹

　　我国常见的青蟹为拟穴青蟹，学名 *Scylla paramamosain*，俗名蟳、正蟳、蝤蛑。锯缘青蟹（*Scylla serrata*），俗称花脚蟳；榄绿青蟹（*Scylla olivacea*），俗称红脚仔、番蟳；紫螯青蟹（*Scylla tranquebarica*），又称紫泥蟳、特兰奎巴青蟳，我国仅偶见于南海。以上四种均为节肢动物门梭子蟹科青蟹属。

---

* 菜蟳是闽粤俗称。《汉语大词典》："蟳，海蟹的一类。即蝤蛑。俗称青蟹、梭子蟹。"

半大不小的蟳、肥度未满的雌蟳，甚至成熟雄蟹，闽南人统称之为菜蟳。菜蟳价贱，也被用来揶揄无能者或外行，类似菜鸽、菜鸟。

市场蟳摊边，常有人要头十分成熟的青蟹。遇上这"菜蟳"主顾，摊贩把手掌圈成一个圆筒罩住蟹角。"看，膏撑满壳角啦。"甚或掰掉壳角，"看看，都酥壳了！"里面果然有一层深咖啡色的软壳，俗称重壳、双壳。

其实，蟳八九分肥满时，肉味最好。十分肥满的蟳已经长出塑料纸般的软内壳，肌束枯槁，肉味变淡，鲜味减退，口感发涩，只有膏香浓郁。

一蜕壳，它就绵软得像面团，海边人称之为"软粿"。软粿体内残留些膏黄，是蟳为非常时期预留的营养。把它裹了粉，或者挂上鸭蛋浆，放油锅里煎，别是一番风味——新生儿大便一样的气味。

软粿甲壳开始硬化、变绿，一周内按压还会凹下去，海边人称之为"纸皮壳"，一副薄壳包着一囊水。

竹青色的"纸皮壳"，随成长涸出少许黛色，不断变肥实。半个月后，有三五成硬度，称冇蟳。若将它掰开，煮丝瓜米粉汤，尤其是煮酸笋汤，是暑日开胃妙品。"冇蟳"也被闽南人拟人化，讽喻无担当之人。

这又有讲究了：未曾交配的处男蟹，叫粉公。首次鏖战销尽了弹药，处男味道尚未脱尽的，有时也被混入粉公行列。

而历经百战者，坚硬老壳里就剩一腔水，闽南人号之曰柴公，用以讥诮外强中干、废了功力之徒。讨海人说，"九月公，空空空"，第一个空字拉了两倍的时长，再用两个空字做回声，感叹其仅余几丝柴干肌肉的硬壳之空洞。

宋人沈括《梦溪笔谈》说："关中无蟹，土人怪其形状，收干者悬门上辟邪。"柴公似乎堪为此用，但沈括接

换壳后三天左右的"纸皮壳"，按了就凹下去。

着说，"不但人不识，鬼亦不识也"。连忽悠鬼都不成！

排完卵的母蟹，壳内其实也空洞无物，多少经过西洋文化熏陶的闽南人，似乎把对女性的尊重推广到雌性动物上，并不揶揄它。

蟳的烹法，最能体现闽南料理"大味至简"的精髓。

中国以嗜蟹出名的文人、明清戏曲家李渔说："世间好物，利在孤行。蟹之鲜而肥，甘而腻，白似玉而黄似金，已造色香味三者之至极，更无一物可以上之。和以他味者，犹之以爝火助日，掬水益河，冀其有裨也，不亦难乎……此皆似嫉蟹之多味，忌蟹之美观，而多方蹂躏，使之泄气而变形者也。"

也就是说，蟹本至味，最好的方法，就是什么佐料都不用，只清蒸，吃它的本味，否则就是糟蹋，暴殄天物。

闽南人李渔是"蟹哲学"彻心透骨的拥趸。他不单

二一

成熟度九分以上，"屁股"高隆拱出。

料理海蟹秉持"重在选材、无为而烹"的圭臬，更将至
简哲学推及各种海鲜料理，力求以最简方法和最少佐材，
调出食材本味。

即便如此，所谓烹调，也要变法子换口味。闽南料
理蟳，除了白灼、清蒸，还有煎、炒、剥肉调羹等方法。
三十多年前，"同安煎蟹"风靡鹭岛，现今更散布城乡角
落。我有一阵子不时和朋友提白酒去蹲煎蟳排档，三四
天过去，身上还留有混合黑麻油味的蟳膏鲜香——到处
告发我的行迹。

有的老饕爱重味，把蟹块炒姜丝，再放入高压锅炖
的番鸭汤，加入冬瓜片，沸锅收火，浓汤、鲜蟹、爽瓜
片，鲜香无比，极为受欢迎。

煎蟳。

青蟹，特别是中国海域优势种拟穴青蟹，在各地沿海演化出蟹文化。湛江对青蟹的区分最细，分八阶段：软壳蟹、蟹娘蟹、水蟹、肉蟹、奄仔蟹、膏蟹、重壳蟹、慢爪蟹。

软壳蟹、蟹娘蟹、水蟹、肉蟹，即前述从蜕壳到七八分成熟的四阶段。

奄仔蟹，闽南人称之为乌秧母，乃行将交配的处女蟹。

膏蟹，就是前述八九分成熟的雌膏蟹，特别是热带海区病态的黄油蟹，有不同的吮指奇香，另文细说。

重壳蟹即体壳"备胎"已完成者。

慢爪蟹乃接近蜕壳、体肉过分饱满而臃肿无力之辈。

中国青蟹，无论是优势种拟穴青蟹，还是仅分布于南海的锯缘青蟹、榄绿青蟹、紫螯青蟹，皆有此生长历程。

粤东和闽南一样采用简单的三分法，用字却有意

19世纪初于广东绘的《中国海鱼
图解》里，称未成熟青蟹为肉蟹，
与闽南叫法一致。

处女蟳（上）与交配过正在孕子的红蟳。

思："冇、有、有"。冇是肥满度五成以下的空壳蟹；有
即六到七分的半实蟹；有，是八成以上的有膏之蟹。

要品膏香，当然选饱熟之雌性"有"蟳——红蟳。
论性价比，有蟳无论公母都不差。

四

我的讨海发小南燕，在博客公布自创的"煮蟳二
法"，食材就是有蟳，引用如下。

一、炒蟳。将蟳刺死后不可用刀斩切，洗净后放在
大碗中将盖壳剥开，掏出盖壳中包含脏物的蟳胃（不可
抓破，污染蟳汁），掏净蟳身上的腮条与肠子再用水冲
洗，而后双手将蟳对半掰开。这一过程全在大碗中进行，
蟳汁不流失，味道更鲜美。炒一盘，最好有一斤重的新
蟳仔，量太少味不够。

配料：一整颗蒜头剥皮切成碎末；白糖一汤匙；朝
天椒两条切细（其他辣椒不够劲辣）；酱油少许；鲜笋、

酸笋若干，切细片；西红柿一大个切细丝，青葱节少许。

油热（油量与炒等量青菜相同）融白糖，糖化后下少许酱油，油汤大滚，蟳与蒜末、朝天椒同时卜锅（蒜末、朝天椒不可油炸以免失去蒜香辣味），连续翻炒使之平均入味，加锅盖焖煮。半分钟后再翻炒，如是反复直至全部发红、油色酱色一致，再加入鲜笋、酸笋，继续翻炒至熟透，全程不得加水。根据自己的口味加盐与味精，也可以不加。将出锅时，加入西红柿与青葱，稍加翻炒即可装盘。

谨记要点：切不可炒至臭焦，全盘保有小半碗汤为最佳状态。此汤为"炒蟳"精华，凡品尝者恋其鲜美，六亲不认。

二、煮蟳汤。与炒蟳一样都要先下油锅炒，但蒜末可稍减，不必加糖与酱油。炒至红色先装碗，待汤水滚开再下锅。如加冬瓜最简单，但冬瓜不宜厚切，太厚不易熟透，久煮容易失去瓜味。切薄片，烫熟即可，保持冬瓜鲜味。此做法，乃清汤冬瓜蟳也。也可以加鲜笋片或酸笋片，如此，一定要加少许朝天椒、西红柿、青葱才有开胃酸辣味。炒蟳，西红柿迟下保留鲜味；做汤，西红柿早放煮出酸甜味，青葱在出锅时才下。蟳红、笋黄、葱绿，尽显诱人姿色。

以上两种做法均可视各人口味搭配食材。加点胡椒粉，吃得鼻水直流也是一种享受。

五

最有特色的蟳料理，当数潮汕的青蟳蟹生。

汉人一直保有生食蟹习俗，宋代仍流行洗手蟹，东坡居士在《老饕赋》里就吟诵"蛤半熟而含酒，蟹微生而带糟"。此风俗到明清逐渐式微，但沿海各地尚零星保存，在胶东半岛以南遗留更多，例如上海的生醉蟹、浙北的蟹糊、浙南到闽南的蟹生。

但潮汕生食的广度、深度，惊服八方。各种蟹之外，鱼、虾、蚶、蚝……皆入生食菜单。

就说蟹生吧，潮汕原来做法和闽南一样简单。仅以盐、高度酒、大蒜来杀菌、调味而已。如今却借新调料开发出一款新的流行吃法，谑称"毒药"。此种蟹生以红膏蟳为主材，先用高度酒整只浸泡，然后去鳃，以鱼露、桂皮、蒜蓉、花椒等续浸半天，置冰箱速冻，食用时取出斩块。对此物只有两种选项，要么怯退，要么成瘾。

潮汕人勇敢无敌的食生文化，根源深远。乾隆年间的《潮州府志》说："所食大半取于海族，故蚝生、鱼生、虾生之类，辄为至味。然烹鱼不去血，食蛙兼啖皮……尚承蛮獠遗俗。"

最后这句很重要！

江浙赣闽粤诸地，古为百越民族所居。三千多年前中原河洛文化南下交融，唐代汉族成规模移入，而越族逐渐南去。

"烹鱼不去血，食蛙兼啖皮"，是古越族传统。潮汕

潮汕人最喜欢的生腌红膏蟳，号称"毒药"，雄蟹也可以，但要满膏。

（叶钊 供图）

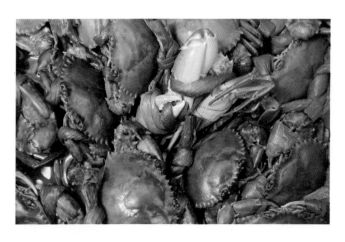

硬蟳成色有差、生境不同，壳色从翠绿、浓绿、浅褐到重褐不等。

这是分布在南海的锯缘青蟹。额缘齿高翘突出如锯齿，螯足均布满斑纹，俗名为花脚蟳。它是青蟹中个头最大的品种，可达三公斤，习性凶残，常掠食刚换完壳的同类。

生息于红树林的紫泥青蟹曾是九龙江下游名产之一，如今这一片片海田里也养蛏，在野生红树林里蛏已可遇而不可求了。

（王莹　供图）

人不只继承越族的生食嗜好，更有对腐败食品和特异食品的倾心。清末民初学者柴小梵在《梵天庐丛录》里感叹，"潮州人尤奇，常取鲜鱼鲜肉，任其腐败，自生蛆虫，乃取而调制之，名曰'肉芽''鱼芽'，谓为不世之珍"。

食肉蛆之类奇异习俗，数十年前在福建也还存在。它们或由在留的水疍山客保有，或是在与逐步南去的越族交流、融合中习得，这一点上福建与潮汕一样，只是潮汕保留得更多、更顽强。

在福建，最著名的蛏是闽江口外平潭的金蛏，晋江、九龙江口和漳江口的红树林海域所产者也负盛名，皆在河口咸淡水交汇处，生物链发达，饵食丰富。

九龙江紫泥的溪墘蛏，膏香馥郁，张力强烈，煌煌逼人。我儿子出生后，他姨妈每周来看他，必带溪墘蛏，养刁了小嘴巴。从此蛏非溪墘产者不吃，不幸溪墘蛏几近消失，小饕于是疏远了蛏。

023

鲳：
我的鱼之节烈观

鲳

中国鲳

　　我国现有鲳科鲳属鱼类六种：银鲳（*Pampus argenteus*），也叫白鲳，俗称车片鱼、婆子、平鱼、镜鱼、长林鲳；中国鲳（*Pampus chinensis*），俗名斗鲳、斗底鲳、鯃、鲹；灰鲳（*Pampus cinereus*），俗名长鳞、乌鳞鲳、长裙子、涪糜鲳、鼻涕鲳；翎鲳（*Pampus punctatissimus*）；刘氏鲳（*Pampus liuorum*）；珍鲳（*Pampus minor*），俗称枫叶鱼、枫树叶。

　　曾被认为是鲳属的鱼类有鹰鲳（*Platax teira*），也叫燕鱼，俗名海燕、尖翅燕鱼、燕鸟鲳、蝙蝠鲳，白鲳科燕鱼属。乌鲳（*Parastromateus niger*），鲹科乌鲳属。金鲳中文名卵形鲳鲹（*Trachinotus ovatus*），鲹科鲳鲹属。

山上鹧鸪獐，海里马鲛鲳，是古代的美味明星榜。中国台湾北部，鲳在海味里则排名第一。

对现代吃货来说，马鲛已经出局了，鲳鱼排位那么前，也招非议。

我老了，把能找到的鱼都吃过一遍，慢慢觉得鲳鱼可爱起来。浙江嵊泗渔谚说"三鲳四鳓"，农历三月是鲳鱼产卵季，肉质肥美鲜嫩，味道最好，脂质含量能达百分之十五，而多数鱼不过百分之一二啊。

它幽香细腻，雅致可人，呈鲜氨基酸多，就算鲜度差点，香韵也不会减退很多。

一

古人说的"鲳鱼"，如今分为好几种，有银鲳、中国鲳、灰鲳、乌鲳、刺鲳、尾鳍像燕子剪刀尾的燕尾鲳……

它们皆项缩体腴，近似菱形。味道鲜美，多肉少鲠。骨头酥软可嚼，愈嚼脂香愈出，只余一撮骨渣，被古人幽默地称为"狗瞌睡鱼"——饭桌下的狗，等着吃它们的骨头，都打瞌睡了。

即便如此，各色鲳鱼的秉性也有差：银鲳头颈饱满，背鳍、腹鳍特别是尾鳍的鳍叶对称，体若银镀，细鳞似粉。性情极傲娇，撞上流刺网的，银鳞半消。被拖网强捕上来，余怒未泯，冰冻后火气还会冒到鱼皮上，黛粉灰黑。它是分布最广的鲳类，在近海中上层水域季节性洄游。资深吃货刘岚说：黄海银鲳颜色偏蓝，色彩斑斓；而东海者体色银白，彩光较浅。

银鲳里，有一类肌肉筋条特别突出，一直让我疑惑。2013 年，中国科学家对混乱的鲳鱼谱系做分子生物学鉴定，确证它是新种刘氏鲳。

19世纪初在广州绘制的鲳鱼图，标注黑翼鲳，从长长的腹鳍和尾鳍长下叶看，可能是翎鲳。只是美化过头，眼睛从上唇边移到脑壳上，尾鳍改成新月形。

（《中国海鱼图解》）

聂璜《海错图》称它"温柔之乡"，理由是刺不扎人。

鲳界老大，是中国鲳。形体大，鳍叶阔，呈淡淡的宝蓝色，粉鳞如烟，福建、广东叫它斗鲳或斗底鲳。

区分斗鲳和银鲳，最简单的办法是看嘴巴——银鲳天包地，斗鲳地包天。再分不清，你就看尾巴吧，银鲳尾叶燕尾式开剪，中国鲳尾巴宽大扩张。

最搞怪的是灰鲳。它胸鳍长，尾鳍更长，像被硬生生扯长的汉服右袖和后摆，渔民叫它长裙子，潮汕人干脆叫它衫鲳。有人嫌它肉松烂如黏液，又叫它鼻涕鲳。

东海灰鲳在钓鱼岛一带越冬，春暖后洄游到江浙沿海，皮色随海域不同，从黄到暗黑。灰黑的那种，俗名最难听——暗鲳。

最没个性的是翎鲳，人们看它四不像，只好借它略长稍宽的腹鳍起名。它像灰鲳，有长长的下摆，但不那么夸张，常被混同。

二

除了这些鲳鱼，金鲳、乌鲳、鹰鲳等也都被古人称为"鲳"。

鹰鲳形状怪异，头部与阔大的背鳍和臀鳍连成一道圆弧，两鳍梢端如飞燕后掠，所以还叫燕鱼、尖翅燕鱼、鲹鱼。

乌鲳的体形、长相、骨质都与鲳鱼相似，习性、质味其实与诸鲳不同，后来被科学家识别了，分到巴浪一伙的鲹科，近年再单立为乌鲳属。

还有一身金晃晃的"金鲳"，追查下去，竟也是异类，中文名为卵形鲳鲹，也是鲹科鱼。

肉鱼，因为香气如鲳，也被归为鲳，叫刺鲳，隶属长鲳科。日本人曾经推崇鲷，见肉鱼体形接近鲷，叫它疣鲷——江户时代后期，被日本人归到鲷门下的鱼，我

①香港称之为金立鲳的金鲳，幼鱼确实像鲳鱼。

②乌鲳形状与骨质近似鲳科鱼类，皮相则大异，遍体细粒鳞。

③鹰鲳的外形一看就不像鲳鱼，乃邻属的燕鱼。

统计就有 87 种啊！

　　反过来的笑话是，银鲳与鲣鱼一样富有油脂，遂被称作"真菜鲣"。离谱啦，它幽香如兰，岂是腥臭鲣鱼的同类？

　　唐人陈藏器在《本草拾遗》里说："鲳鱼身正圆，

破布子蒸小斗鲳。
（张霖　供图）

无硬骨，作羹食至美。"这么多的真鲳假鲳，哪种"至美"？今日若问意见，我选斗鲳。

为什么不投票众人喜爱的银鲳啊？它细腻娇香，肉薄软嫩，没嚼头，适合文人雅士而非我类粗野之人。

春节前后当令的斗鲳，号称鲳鱼之王，能排鱼品第一。它的脂肪含量比银鲳高一半，肉肌丰满结实，随咀嚼慢慢散发脂香。头骨更满浸脂香，"白鱼吃软肚，鲳鱼吃鼻脑鼓，"闽南吃货发横说，"卖田当地，要吃鲳鼻！"为鲳鱼争得山珍海味前列地位的，实乃此鱼。

我请客，爱点片煎斗鲳。尖尖长长，腔体中空，像洋镐头，焦黄发黑，往翠绿芫荽铺底的腰形白瓷盘上一摆，用紫樱桃或红圣女果点缀，格调一下子上来了。

去年，我和几位朋友在厦门海珍缘餐厅用斗鲳做刺身，它细腻甜嫩，一口饱满鲜甜的海味，可与各种日料名鱼媲美。

斗鲳原来不贵，个头大，一般人家少问津。这几十年，广东人挣钱多，把它的身价炒起来了。原来，那边做风俗世事，煞尾爱用一条大斗鲳压轴。

鲁南苏北沿海甚至福州，风俗相反，鲳鱼不上宴。为什么？脏！

鲳者，娼也。

鲳为何是娼？

李时珍《本草纲目》把风闻当证据："昌，美也，以味名。或云：鱼游于水，群鱼随之，食其涎沫，有类于娼，故名。"常有小鱼跟随美丽的鲳鱼，舔舐它的口水，这就"有类于娼"啦？

与《本草纲目》同年成书的《闽中海错疏》更倒说歪理："以其性善淫，好与群鱼为牝牡，故味美，有似乎娼……"

从"类于"、"似乎"至断定"若娼"，怀疑被一步步坐实。

终于有人出来主持公道了。清初画家、生物学家聂璜"询之鱼叟"，证言："其性柔弱，尤易狎昵，而吮其涎沫，非与杂鱼交也。"她生性柔弱，不敢拒绝其他小鱼亲近，才背了污名。

及至清末，郭柏苍《海错百一录》却又闪烁其词："鲳鱼游，群鱼随之，食其涎沫，有类于娼。"看来历史并不总是进步的。

人家爱跟着吃她口沫，怪得了她吗？说她"好与群鱼为牝牡"，疑似为娼，对科学未明的古人或可容许。但"故味美，有似乎娼"，就让我等鲳鱼的"裙下之臣"，都有嫌疑了。

换一种说法，她像身边一些美女，能做事、好相处，

三

殷勤周到，给办公室的各位泡泡茶、发发小零食，以女性魅力温暖了氛围，你就说是卖弄风骚、挑惹男性，真是诬良为娼。

不过近来有人发现银鲳、燕尾鲳聚游，一边寻吃水母，一边挨挨靠靠，有些卿卿我我，有跨种杂交的可能，似乎坐实了古人的怀疑。

依我看，纵有其事，你能断定它是"婚外情"吗？在地球物种加速消亡的今天，对创造新物种者，更应大力褒奖才是！等我得闲，写一篇《我的鱼之节烈观》，穿越回去，和古人理论。

四

未待我为鲳鸣冤叫屈，2022 年底，中国科学家出头澄清了鲳鱼的衍生故事，首次揭示世界鲳属鱼类物种的多样性和地理分布：鲳类起源于晚中新世（约 1133 万年前—835 万年前）的印度—西太平洋区中部。世界鲳属鱼类共七种——银鲳、中国鲳、灰鲳、刘氏鲳、珍鲳、翎鲳，还有仅分布在印度洋的素鲳。

关于鲳鱼作风的质疑和谣诼，都应该停止了！不信，你去中国科学院海洋研究所网站看看，鲳鱼的血缘和谱系，说得清清楚楚。当然，它们之间是否有彻底的生殖隔离，尚不明确。

东海鲳鱼的生殖洄游季节比大黄鱼晚一个节气，汛期自谷雨到夏至，流刺网、围网能兼捕两者，渔谚称"三水鱼群黄夹白"。小潮日子，它们结阵在近岸缓流款款伴游，从长江口到闽南，繁播子息。

冬季也能捕到银鲳。闽粤交界处的南澳岛渔民说，尤其在风高浪急的日子，银鲳由头鱼带领，紧挤密挨，左冲右突，往浊流汹涌处觅食。渔人布绫网阵伺候，起

開海有魚曰楓葉兩翅橫張而尾岐其色青紫斑
駁閩志福漳二郡並載此魚柰苑亦載云海樹霜
葉風飄波翻腐若螢化爲魚或疑楓葉敗質
化魚雖信不知世間變化之物多有知而化爲
有知搜神序梅鷹草之腐螢朽葦之爲蔾稻之爲
蝦參之爲蝶皆自無知而化爲有知而氣昜也又列
子朽瓜爲魚段成式遂証瓜子化衣魚之說齋丘
化書堯楓化爲魚漁人吳梅村紋寇紀載崇禎十年
錢塘江木柿化爲魚漁人啁得首尾未全半稗半
魚又閒雨水多別草于皆能爲魚而人髮馬尾亦
能成形爲蛇蜦由是推之則大江楠木之爲怪深
山老松之爲龍盆不降矢今楓葉變魚予更訪之
漁人云秋深海上捕魚網中有時大半皆楓葉而
楓葉魚雜其中且惟秋後方有則變化之跡及候
兩岸不爽予是以神奇其物信而圖之而并揉無
知化有知之諸物雜見於典籍者以纍証云

楓葉魚贊
懶夔送別丹楓爲泯
飄况逖海同儕魚水

聶璜画的由枫叶变来的枫叶鱼："闽海有鱼曰枫叶，两翅横张而尾岐，
其色青紫斑驳。"我忖度那是大不盈掌的珍鲳。它只能长到十几厘米，
种名minor的意思就是"较小的"，浙江渔民看不起它，说只能遮住私
处，给起了个很猥琐的名字。

东南亚风的鲳鱼料理，走的是赋味路径，以柠檬、鱼露、辣椒粉、姜黄、咖喱和芫荽等香料来为鲳鱼送嫁，色彩和味道都很浓烈。

网时一片片银箔亮光闪闪。不过它们性急，上水后蹦跳，十余分钟就死了，纵是专营生猛海鲜的香港、潮汕酒楼，也难见活货。

我和闽东渔老大聊天，他们说，二十几年前，好海情，一条船捕一二十担没问题。现在一出海，探鱼器满海底四处看，看到的也就几只小小的鲳鱼。

这时候，真恨其不"淫"，不能生出一海子孙！

蛏子：
东北称它小人仙

蛏子

缢蛏

　　缢蛏，学名*Sinonovacula constricta*，瓣鳃纲竹蛏科
缢蛏属，俗名还有涂蛏、泥蛏、青子、蜻子、白露蛏子、
跣、小人仙、蚬青子、蛏子、毛蛏蛤、毛蛏。近江蛏学
名*Sinonovacula rivularis*，缢蛏属新种。尖刀蛏（*Cultellus
scalprum*），别名剑蛏，刀蛏科刀蛏属。单脚蛏，闽江口特
有新种，学名不详。

小时候，我们把蛏叫作"警察"：煮熟了，斧足像戴大盖帽的人头，而身躯如着制服，双足并立，外穿硬挺大氅。

蛏干形状也像人，插队年代，有奸巧知青把它一只只缠上红丝，称"海人参"，拿去和农民换一只只鸡鸭。

相映成趣的是，如今你到盛产人参的东北，点要蛏子，掌柜听不懂，你得说"小人仙"，他才明白。

看来许多物事体认，东西南北英雄，多有共识。

一

蛏是中国人最早养殖的贝类之一，泥蛏最多，遂称蛏子。学者见它壳顶至腹缘有一条斜沟，状如缢索，给起了骇人的大名——缢蛏。

潮州人见它长壳如富婆指甲，遂称之为指甲蛏，日本人视它绕壳心的一圈圈丝纹为嵯峨云髻而叫它扬卷贝，说来都比大名雅致。

缢蛏在滩涂打孔穴居，"小人头"——伸缩力强大的斧状肉足，是它的钻孔机、升降机。它在泥面留两个孔伸"脚"，一只进水、过滤浮游生物当营养，另一只排废水。我童年讨小海，从对孔挖出的野蛏，宽度通常是孔距的两倍。

二

中国人自宋代开始养缢蛏。

殖蛏、养蚶，皆似种水田，选地、围埕、开沟、平整做田，然后播苗。

《闽书》说养蛏要义，"夹杂咸淡水……乃大"。夹杂咸淡水的海域，一般即河口，营养富裕，饵食丰饶。

中国近代渔文化顶峰《海错百一录》里，郭柏苍记叙殖蛏作业颇详："耘海泥使极滑，名蛏荡。潮汐往来，即蠕蠕如眉睫，移种他荡，或分入蛏埕、蛏田。三昼夜即各立门户，竖而饮露，寝而饮泥。"

早年，未有人工育苗，蛏苗都从海中采集。

缢蛏的繁殖期，在辽宁是六月下旬，在浙江、福建从九月延续到翌年一月。受精卵浮游、变态，短时匍匐生活后，潜入温暖的高潮带泥沙。

蛏农把含蛏苗的泥沙耙起来，堆畦。蛏苗要尽量从海水吸食，自会钻到畦面。次日刮耙畦面，堆成新畦。反复数次，米粒大小的蛏苗就富集起来了。

岁末春头播下的蛏苗，夏天收成，称新蛏。

如果养到翌年三四月，即一年半左右，叫老蛏或隔年蛏，产量能翻倍。

缢蛏得这名字实在是蒙冤。

福州连江有精明养法，叫盘种蛏。立春播苗，春分后挖起，移种低潮蛏田。养殖时间同样只有五六个月，但蛏子吃了两处营养，产量多出数成。

蛏子的食旬，也自北向南推迟。在鸭绿江口的丹东，蛏子从秋天到翌年二月份肥实。著名的宁波长街蛏子，四五月最好。温州人则说，七月稻黄蛏子肥。及至闽南，它美在盛暑，九月吐浆后，蛏肉瘪瘦，鲜味大减。

不同年份的蛏子，滋味不同。当年新蛏稚嫩清鲜，闽南人喜欢生剥后勾芡做羹，煮瓜汤或者汤粉。无论生剥、汆剥，都可用作炒米粉、炒面的主要配料。

老蛏肥硕，做盐烤老蛏、椒盐铁板老蛏，或者剥出裹五香粉、生粉再油炸，余鲜依然浓深。

最简美味是清煮新蛏。备好蛏子，水沸下锅，加入姜末（或姜丝）、少许盐。水沸就鲜味满屋，揭锅一看，蛏子全都张开，袒露玉体，嫩白娇黄，香味扑鼻，汤色淡白如乳。

新蛏（右）和盘种蛏（左）的比较。

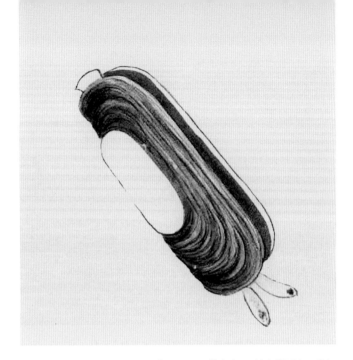

聂璜为它打抱不平，说它"两绅垂手，一笏当胸"，该上朝廷啊。他还画了多种蛏，却说蛏子喜欢温暖的气候，所以浙江只有一种而福建有四种，其实浙闽蛏类基本相同。

新蛏另一种家常做法，是葱油爆锅酱油水。早年，阿嬷会把蛏壳背后的韧带割断，或是把蛏壳压裂，否则包含不了酱油，一上桌，小孩子只顾剥食美味蛏子，一个接着一个，不肯吃饭。老人家幽幽地叹惜：很费菜哦。

早年蛏子和多种贝类轮番占据南方海边人家的夏季餐桌。我最喜欢三道蛏菜，一是酸辣蛏羹，二是蛏煎，三是蛏羹丝瓜米粉汤。

第一道很开胃，给味蕾驱赶盛夏的慵懒。第三道是提前来的秋韵，十分爽口怡神，但肠胃不强者莫贪恋它——蛏子性凉，米粉也凉，两凉齐催，焉有不泻之理。

而蛏煎是生剥新蛏肉，与番薯粉搅和后油煎，比海蛎煎更脆韧有味。

决定蛏子滋味的，不止年份与食旬。生活环境不同，

现在耕耘蛏田已经像种水稻，用打浆机（左下角）平整。

蛏子滋味也不同。

肥水流及的河口蛏子，壳色黄绿，味道特别鲜美，是蛏中极品。壳色褐黄者或有花斑纹者次之。

壳色灰白的蛏子，为含沙量较高的海区所产，瘐瘦，味道又次一等。

再次的是壳色乌黑的蛏子，在鱼塘与爱肥水的鲻鱼立体套养。投放动物粪便或化肥，培养浮游生物为饵食。这种鱼塘套养的"黑蛏"，不见天日，肉烂味臭，不幸我们眼下经常吃的就是它。

蛏子随长大而不断下掘，一年生的蛏子入泥浅些，二十几厘米；二年蛏的孔穴有四十厘米深——都是体长的五至八倍。中国农民善于创新，在一米多深的鱼塘底养，就不太担心它的防暑降温了，遂在蛏田二十来厘米深处铺上密眼尼龙网，限制它挖洞的深度，洗蛏时不必深掘。

自然蛏田长大的蛏子，壳皮青黄。

套养在鱼池底，不见天日的黑蛏。

芥味百胜蛏。从细如芥子长到
食指长短，只需一年，养一年
半者就是老蛏。
（张霖 供图）

2006 年，科学家在闽江口发现了缢蛏新种近江蛏，它更适应低盐水域，生长更快。五月播苗，来年二月能长到七厘米去应市，如今很多选用它来养殖。

半个世纪前，缢蛏还是福建滩涂养殖的第二号要角，产量极大，衍生了许多产品。

熟晒蛏干。将蛏洗净后入沸水余，剥肉晒干。

生晒蛏干。鲜剥蛏肉晒干，颜色略透明，将它泡发后油爆，曾是闽南人家炒面的主力佐料。以它烧肉，更是早年福建名菜，蛏干吸油，肉吸蛏味，相互融合，生出奇妙的味道。

我在福州连江金种子餐厅品尝过"蛏干羊肚"，用姜

三

丝爆炒鲜晒蛏干、羊肚，以老酒为水炖煮。出菜时再泼入一点老酒，蛏干燠香、老酒醇香，掩煞羊肚膻味，却放出山气，形成厚重浓香，乃驱寒补胃上品。

还有一种利用地材的综合创新：先让蛏子饱吸福州老酒，继以淡水，然后头朝下立于钵罐，蒸七分钟取出，蘸鱼露或蛏露，鲜掉眉毛。

浙南有腌蛏习惯。酒盐齐下，像腌泥螺，味更咸鲜，不过盐分太高。

蛏露。海脚人把做蛏干的余蛏汤沉淀后，微火熬浓为膏汁，雅称蛏油。《海错百一录》中郭柏苍对它称道不止，"其味丰而清，胜于虾油"。2019年夏天，我和一干朋友路过连江海边，瞥见大榕树上钉的招贴，停车大买。烧菜煮面，滴几滴，立时起味，冽鲜不如鱼露，厚重则倍加。

蛏干如今不多见了，养殖的鲜蛏则四时皆有。闽南人有老话形容生意人奸巧，曰"铺面蛏、浸水蚵"。

铺面蛏，是摊贩把大蛏铺在面上；浸水蚵亦如是。买家只能"君子动口不动手"。

你手指哪一角，摊贩便从竹篓边挖下去，把小的一起挖出来卖给你。

不许翻动的终极奥妙是，这些蛏、蚵饱浸淡水，增重两三成，一翻动水就淌出。

有的用心更深一层，蛏泡过水，再混裹一层海泥，表示"原装"。如此包装过就无须铺面了，你要，他从面上拿。你提到家，一路抖搂，蛏肚里的水，早淌出来了。

浸水蛏子其实容易识别，通身腆胀，壳甚至裂开，而两只脚"水肿"得很厉害或者完全瘪瘦，一眼就能看出来，但有时满市场都是这货啊。

淡水浸泡半个小时的上边两个蛏子，比仅用淡水洗过的最下边那个，
明显膨胀，脚都"水肿"了。

吸水后再以海涂重新裹装的缢蛏。

四

缢蛏议题结束了，再说两句闲话。

在福建，其实还有两种更好吃的蛏子。

一种是尖刀蛏，也叫剑蛏，壳色淡黄滑亮，比缢蛏扁平，肉味最是细腻。它是印度洋和西太平洋热带种，华南沿海广泛分布，霞浦县福宁湾产量大。长居霞浦的聂璜在《海错图》中就抒发漫天诗兴歌颂它，"长剑倚天，日日争明；余光落海，化为小蛏"。

另一种是独脚蛏，外形如缢蛏，唯两支吸水管联合如一，壳薄如纸，壳上无明显生长纹，玲珑剔透。《海错百一录》里，生长于闽江畔的郭柏苍说："独脚蛏，味美于蛏而小，头只一巾，故呼独脚。"

1973 年，开展太湖、高邮湖贝类调查，我国首次发现的淡水蛏，被鉴定为淡水蛏新种，之后在深圳河、杭嘉湖水域和微山湖迭有发现。

独脚蛏与这些淡水蛏伙伴不同，癖好诡异，只生长在闽江支流淘江的几段崩岸硬地，硬地挖穴而居。

我猜测它是在闽江口汽水域，通过逐渐适应低盐水演进的，1979 年被确认为世界新物种。闽江独脚蛏在 20 世纪日产量有数百斤，如今只有养殖的。

我吃的想来是养殖的，但爽脆口感、奇鲜风味已经让我惊艳不已；是硬地挖穴练出的肌肉更发达，咸淡水交汇处营养更富足吧？

汽水域：海洋专业术语。汉字的"汽"有"带水分"的意思。汽水域是半海水或咸淡水，即盐度介于淡水与海水之间的水域，大多见于河海交汇处。汽水域营养丰富，生物链特别发达，许多海洋生物在此繁殖和觅食，也是海洋生物演进为淡水生物的主要过渡区域。

打铁婆：
借大地之力自我批判的鱼

金钱鱼

　　金钱鱼，学名*Scatophagus argus*，鲈形目金钱鱼科金钱鱼属，俗名花钱鱼、花麻脂、银金鼓鱼、变身鱼、变仙鼓等。多带金钱鱼，俗名银鼓鱼，学名*Selenotoca multifasciata*，金钱鱼科钱蝶鱼属。

竹枝词是唐代以来文人仿写民歌的古老体裁。清到民初，以它写社俗民风，在台湾成为风尚。清词丽句杂糅俚谚俗语，别是一种趣味。

刘家谋是此中高手，名作有一组《台海竹枝词》，其中《回头乌鱼》一首别出心裁："郎船可有风吹否，新妇啼时郎识无。怕郎不见遍身苦，劝郎且作回头乌。"

汪毅夫兄在所著《台湾社会与文化》中评论，"从字面看，所写不过怨女闺情。然而，诗中风吹否、新妇啼、遍身苦、回头乌均是台湾俗语里的鱼名。以鱼之俗名入诗居然天衣无缝，是亦堪称一绝"。

知道我在写鱼，毅夫兄推荐一读，果然精彩。

嵌入这首竹枝词的四种鱼中，"回头乌"容易明白，是冬季到南台湾海域产卵后洄游大陆的乌鱼。

至于"新妇啼"，古书上说，有一种极易缩水的鱼，新娘子初下厨烹调，怕婆婆嗔怪偷吃，暗暗流泪叫苦，于是产生了这俗名。

但它是什么鱼呢？诸说纷纭。清代孙元衡在《赤嵌集·翻车鱼》诗后注道："状本鲜肥，熟则拳缩，意取新妇未谙，恐被姑责也。"

有人说它是绵软多水的丝丁鱼。乾隆《马巷厅志》说它是棘头梅童鱼："俗号大头丁，又曰新妇啼，以难烹调，过烂则釜无全鱼。"那不是"拳缩"，是骨归骨、肉归肉地糜烂了。

施沛琳教授帮我在台湾细查清楚了：新妇啼在台湾确指翻车鱼。2020年春节前，厦门著名"八市买手"周宏在朋友圈晒了杀翻车鱼的图片，我赶紧发问，他找到最后一块鱼皮，厚达两寸，请骑手送来。一吃，水水的，

三

三岁圓會楂魚俗云亨岐木滿旒魚
梅楂魚與兒常臥海上有之狀類鰒而方故名滿方魚
大者方一二丈厚一二尺周緣稍薄灰白色內白骨硬
味不佳性骨鮀不知死浮游人以長把招留則留如植故
名割背取白腸長十餘名書作鮑或醋漬或臊乾食之

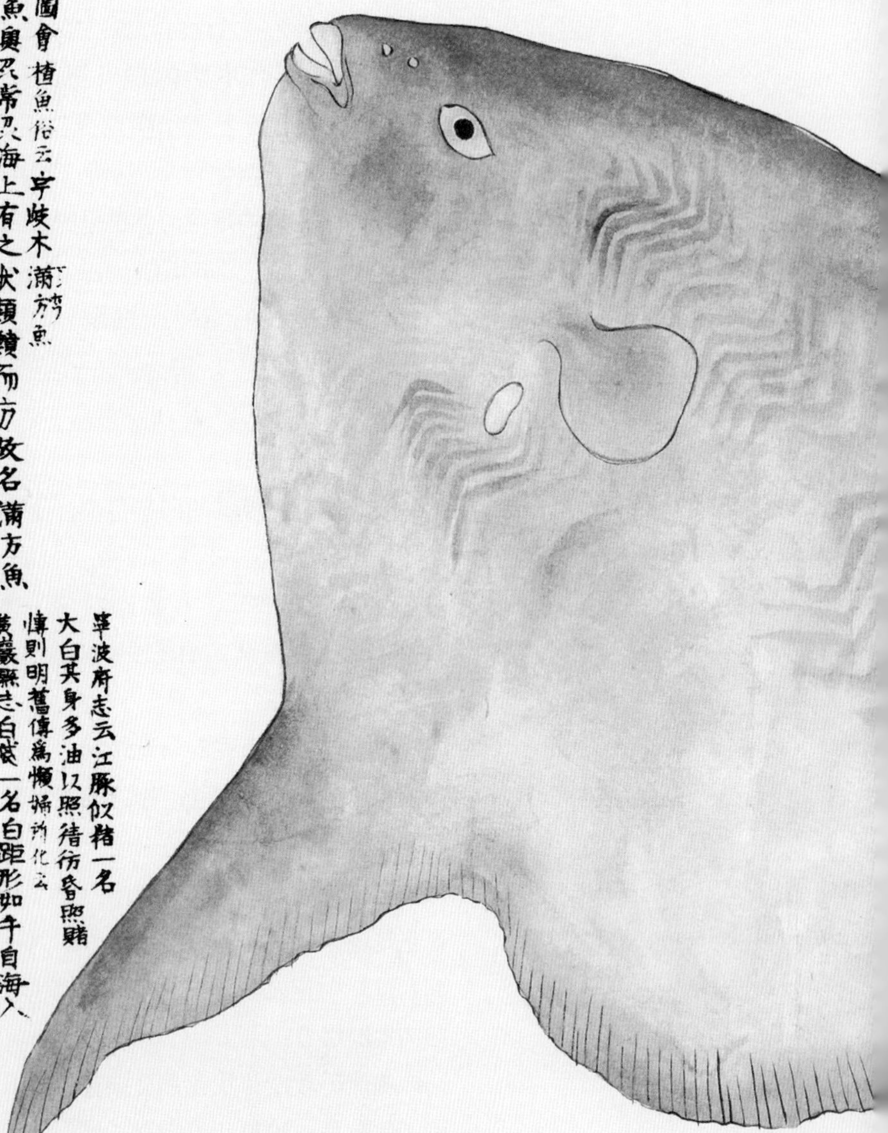

辜波府志云江豚似豬一名
大白其身多油以照猪伤昏照賭
傳則明舊傳爲懶婦所化云
黃巖縣志白袋一名白距形如千自海入
則兆水淨

046

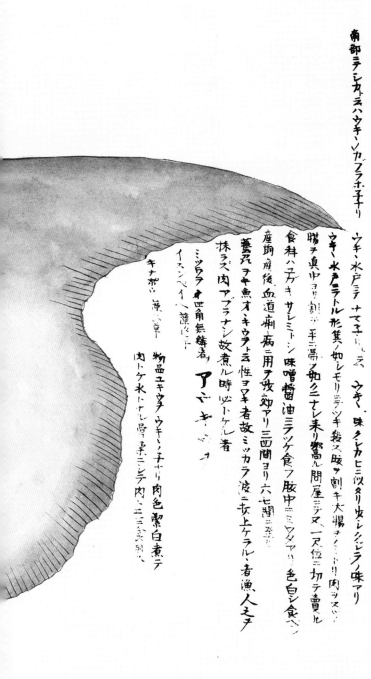

南部ニテシカトヲハウキヽノカブラホネ干リ

ウキヽ水戸ニテヲナマヽ干リヽ

ウキヽ水戸ニアトル形箕ノ如レモリテツキ殺ス腋ヲ割キ大腸ケシイ肉ヲスハ

腸ヲ真中ヨリ割平二濡ヲ如ク二ナレ乗リ鸞ル問屋ミテヌ一尺位ニ切テ賣ル

食料ハヲキ サレミトシ味噌醬油ミラツケ食フ胲中ニヲタアツヽ色白シ食ベヽ

產死ヲキオヽキウヲ干云性ヨヌ者故ミッカラ波ニ立上ケラル者漁人之ヲ

抹ラズ肉アブラナレ故煮ル時必トケル者

葢死ヲキオヽキウヲ干云性ヨヌ者故ミッカラ波ニ立上ケラル者漁人之ヲ

產死腐後血道ニ痢病ニ用ヲ波効アリ三四間ヨリ六七間ニ遊ヽ

ミツカラ キ四角無鱗者　アゞキヽヽヽヵ

イヽンベイハ蓮シニ干リ

物品ユキウヲヽウキヽノ子ヨリ肉色紫白煮テ

肉トケ水トナレ骨栗ニテ肉ニ三三三分別ヽ

キナ粉ヽ漢ノ草ヽ

日本古代博物志关于翻车鱼的
注释，援中国古籍之说，"相
传为懒妇所化"，也许这是
"新妇啼"的由来吧。
（奥仓辰行《水族四帖》）

047

閩中有錢串魚身淡青脊上作深青
色圈紋金黃內一點黑色以其圈紋
如錢而且黃故曰錢串亦名錢棚考
諸類書魚部無此魚獨福州志載及

錢串魚贊

搖搖擺擺遊出寶藏
棚一張皮賣弄錢樣

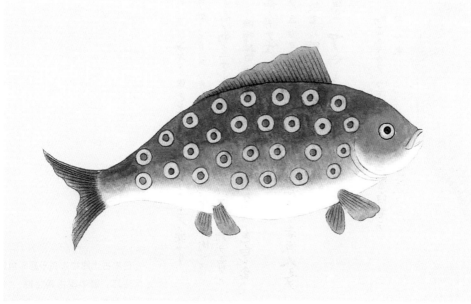

聂璜《海错图》里的"钱串鱼"，应是据耳闻而绘的金钱鱼，一身都镶
着铜钱。

如凉粿，也许是可食率低，让"新妇啼"传说留下了发挥空间。

而"风吹否"，即飞鱼，胴体像乌鱼，渔民也称它飞乌。飞鱼每年四至六月随黑潮北上，受惊吓就跃出水面，展开长过身体的胸鳍远距离滑翔。我怀疑它原叫"风吹鱼"，闽南语中鱼字的韵母是介于e、o之间的后喉音，读来类似"呵"，与否字读音相近，最终讹为"风吹否"。

让我高兴的是"遍身苦"，辗转探索出了谜底，它竟是金钱鱼！

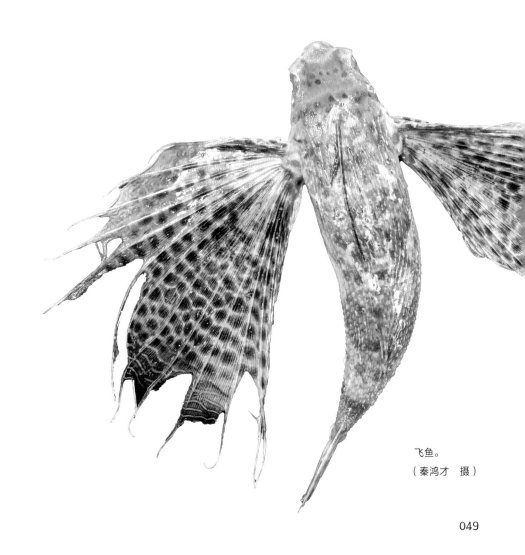

飞鱼。

（秦鸿才 摄）

金钱鱼一身金碧，散缀铜钱眼似的深绿色或浓褐色斑，名实确有暗合。
（洪鹭燕　供图）

　　它受惊吓时会发出"鼓、鼓、鼓"的叫声，被称金鼓、金钱鼓。身形侧扁，又称作"扁金鼓"，后来也讹写作"变金鼓""变身苦""遍身苦"。

　　"遍身苦"很契合甲午战争后被殖民统治的台湾民众的心情，遂在台湾流行。

　　遍身苦，在厦门叫打铁婆。

　　我第一次见识打铁婆，是"漏大塭子"的时候。

　　随水流到塭口虎网的各类水族，从网尾被倒入宽竹皮箩，蹦跶或者挣扎一阵，也就喘大气认命躺下。不可一世的青蟹，慌闯乱爬后，怒恨难消也只能一口口长吹白沫。

　　独有这种怪鱼，奋力跃出筐外，在地上反复摔跌，自责不止："你怎么这么傻！你怎么这么傻！"

　　它摔打得很有水平，正面、反面，正面、反面……

一二

打铁婆也出现在日本江户时代著名博物画家笔下，画风受欧洲装饰风格
影响。

（栗本丹洲《鱼谱》）

中华单鳍鲀，也名在"打铁婆"之列。（《中国海鱼图解》）

毫不错乱，如同铁匠砧上迅速翻转的红铁坯。1928年《同安县志》称它打铁哥，有人觉得不够怪异，称"打铁婆"。我在日本看留学生报纸把法文单词"coup d'Etat"（政变）译为"苦跌打"时，就想起它的模样。

当时围在塭口"捡塭屑"的讨海团，趋前捉它，立时被喝住，别碰！

打铁婆的背鳍，竖着十来根强壮的毒棘，有的地方称它"背鼓"，这种鱼在毒鱼排行榜上是挂了名的。毒性虽然稍逊于青枚，棘刺却能将皮肉划开。

在闽南海域，凡嘴脸走样变形，特别是尖嘴、高头、短脖子的髭鲷一类，多被冠以"打铁婆"名号，少说也有十几种。

但真正的打铁婆，是能借大地之力，自我批判、自己打脸的金钱鱼。

打铁婆属暖水性鱼类，繁盛于热带、亚热带表层水域。台湾有些书，把它和蓝子鱼等河口鱼归为一类，名曰红树林鱼类。

红树，是在多盐环境中生长的草本、藤本植物和灌木、乔木的总称。闽南一带常见的是桐花树、秋茄、白骨壤。它们以发达而密集的根系，牢牢扎入淤泥中，长成海岸森林。

河口鱼类和红树林最适合在咸水、淡水交融处生长。但红树林是恩主，为河口鱼提供食物链和庇护所。鱼觅食无着，也会以红树间挂生垂长的海苔为食。

二十多年前，我去越南旅游，车出东兴不远，路边红树是碗口粗细、四五米高的种类，从海底一步一步往陆上延伸，一直攻上数百米高的山头，好像在讲述植物由海及陆的历史。

其实，红树是植物中进化程度最高的种子植物，而它为什么像鲸鱼一样重返海洋呢？是在生存竞争中迁

红树在海洋高潮时被海水部分或完全淹没，退潮后则宛如高岸密林，故称"海上森林"，它构成的生态系统，对生态环境有重要保护作用。（王莹　供图）

回寻觅，才终于在海陆交替管辖的潮间带找到了独特的生态位。

公路从林间穿过，望着窗外两侧，我想，再没有什么生物，比它更直观地阐释物种与海洋互动的地球故事。

把打铁婆叫作"遍身苦",其中的道理是,除了鱼胆深苦,绕身的鳍棘毒刺根下的肌肉煮熟都发苦,应是毒汁味道,果然周身皆苦啊。

但它体肉结实,不论煮多久,肉质依旧韧实,鱼皮黏韧不亚于鳗鱼皮,若再稍晾置,筋道得用箸都扯不断。

两岁的打铁婆,有成人手掌大小,三岁就重量过斤。方便干煎,煮汤有迷人香气,而肉质犹如石鲷。不大不小的打铁婆,却是鸡肋,弃之可惜,处置麻烦。

如果一网上来,尽是两难货色,渔民踌躇后,还是

打铁婆鳍边都描上黑褐色,线条分明,宛如木刻画,在水族里独具一格。

(张霖　供图)

倒入舱内。上岸了，堆在石头房子里，用粗盐覆盖，过几天，石板缝慢慢渗出汁液，那就是鱼露原汁。多到石屋放不下，倒粪坑里，沤肥。粪坑也容不下了，倒在石皮山上，晒肥。

打铁婆，身价低贱至此。

今非昔比了。有一次吃清蒸活鲜，一条过斤的打铁婆活鱼，竟要一百二十元啊！

打铁婆幼鱼，群栖河口，幼成鱼才迁移至岩礁水域，离群生活。幼时身上的黑色条纹，也慢慢凝缩为黑褐斑点。成鱼的体色，更随环境而变，时深时浅，特别漂亮。叫它变身鱼，似乎也有道理。

打铁婆是大自然送给早年闽南海边囝的"生物智能玩具"。孩子捞起一群幼鱼，养在海水里，慢慢兑入淡水。驯化一段时间，它们竟能在纯淡水里生活了。

南海有一种体色银白的多带金钱鱼，与金鼓相对，称作银鼓。水族爱好者诗意地称它黑星银鲱。

人类终于发现了打铁婆的新价值，毕恭毕敬地把它请进了水族馆、家庭客厅的玻璃水箱。

金鼓银鼓，在萦萦水草间穿梭巡游，鳞光闪耀，高兴了就变换一下体色，优哉游哉。这时候，再叫它打铁婆或遍身苦，就很煞风景了。

金钱鱼被赋予新功能！

我想，再没有什么鱼，能比它更直观地体现鱼类之于人类的价值。

大眼鲷：入门级煮妇鉴鲜的放大镜

深水大眼鲷

通用俗名红目鲢、红鱼、大目孔、大目仔、红目猴、红目迪、木棉。常见的有：短尾大眼鲷（*Priacanthus macracanthus*）、长尾大眼鲷（*Priacanthus tayenus*）、高背大眼鲷（*Priacanthus sagittarius*）、黄鳍大眼鲷（*Priacanthus zaiserae*）、金目大眼鲷（*Priacanthus hamrur*）、深水大眼鲷（*Priacanthus fitchi*）、布氏大眼鲷（*Priacanthus blochii*）。均为鲈形目大眼鲷科大眼鲷属。日本牛目鲷（*Cookeolus japonicus*），牛目鲷属。

大眼鲷是东海、南海礁区三大夜行性鱼类之一。这帮夜游侠，眼睛大得夸张，直径几近头高一半，像微型车装一对大得不成比例的前灯。它的眼睛构造原理如聚光灯，深处有虹膜反射层，能聚幽暗的海中弱光，提高视力。外来光源射入，也会煌煌放出亮光，日本人唤它金时鲷。

东海熟见的大眼鲷有五六种，比如短尾大眼鲷、长尾大眼鲷、高背大眼鲷、黄鳍大眼鲷、深水大眼鲷和金目大眼鲷，体形略有宽窄短长之异，面相皆大眼大嘴，下颌突出，严重的地包天，一双巨圆怒眼死呆呆地盯人，样子很滑稽。

人们一般把它们统称为大目仔、红目猴。渔民分得仔细些，体宽头大眼睛大，称大目鲢；身材较狭长而眼略小者为红目鲢。它们的尾巴宽如扫帚，皆是缓游之辈。

长尾大眼鲷在水深五七十米层面栖息，短尾大眼鲷更深一倍，深水大眼鲷甚至生栖到四百米下海底。

除了黑鳍大眼鲷，生活在海底的大眼鲷，体鳞和各鳍干脆一色鲜红——黝黯水下世界，纵是花衣绣裳，也只如锦衣夜行。在海洋里，红光是最先被吸收的光。弱光里，红近乎黑。红与黑，是深海鱼类自我保护的流行色。

云想衣裳花想容，何况活色生香的鱼男鱼女？时下未婚白领，晚间有外约，下班时就躲到哪个角落变戏法似的换装。平时一身红衣的大眼鲷，也能刹那间将艳服换成银装。我看日本摄影师水下拍摄的大眼鲷照片，十分讶异：一群之内，有的艳若红装新妇，有的素如缟白玉女。

高背大眼鲷。（林志坚　供图）

大眼鲷休闲时独来独往，到礁缘外行猎却忒有集体观念。它们一起浮上海面寻找饵食，天将亮时潜回深海。渔民就在它们夜间巡猎时，用延绳钓、围网或拖网群获。

日本渔民说，一条钓绳上十几门钩，常有门门中钓的，拉起钓绳，好似金秋农户檐下的玉米棒，成串垂挂。

几种大眼鲷，肉味差别不大，影响滋味的是季节。

大眼鲷在冬末春初最肥美，肉体丰厚、结实、有弹性，到秋天，就变得松软。也就是说，最佳品尝季节是冬春节令。

日本吃货对节令极挑剔，他们把某种鱼品在某个海域的最佳赏味时间精准定位到"旬"。不过如今说"节令"这字眼太奢侈了，遑论计"旬"——海洋资源已经匮乏到捕到啥就吃啥的程度，有鱼吃就不错了。

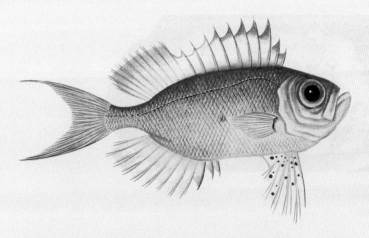

长尾大眼鲷尾鳍上下两端都扬出丝条，有闲心思撩展风情。19世纪初绘制的《中国海鱼图解》中，长尾大眼鲷尾端的两条鳍丝清晰可见。录名为"大眼腊"，佐证了福建以南沿海自来把鲷类鱼都称为腊或立。

高背大眼鲷的标本画，各鳍张扬招展，缘边镶黑，很有闽南人说的"大幅美人"的大家闺秀气派。
（选自《日本动物志》）

高鲜度的大眼鲷，剁块下了锅，眼睛还通亮。
（林志坚　供图）

现在我们更多的只能选择鲜度了。

判断鱼的鲜度，最简单的是看眼睛。大眼鲷那双超大眼，像是为入门级煮妇定制的鲜度显示镜。新鲜大眼鲷，玻璃体澄澈透明，能一直透视到眼底。失鲜了就泛出白翳，白翳随鲜度衰退变浓，直到变成"白内障"，眼窝随之慢慢下陷。

内行食客只消瞥一眼鱼眼凹凸，即能判定鲜度。高鲜度的鱼，一熟，眼珠就爆出，滋味也正好。鲜度低的鱼，怎么蒸，眼睛也不会爆出。

当然，鱼鳍也是标识，活杀入蒸的，胸鳍上翻竖起来招呼你；翘起而不前翻，是鲜鱼。胸鳍平顺后伸，眼睛不凸甚至凹陷，就是冻鱼、旧鱼啦。

资深老饕都不看，只凭蒸出的肉质，断定是鲜鱼还是冰鲜鱼、冻鱼。鲜鱼蒸熟了，肉质是柔软的；冻鱼，硬而粗糙；优质的冰鲜鱼在两者之间。

他们舌尖上的生物分析仪，自然也能判别是天然生长的，还是养殖。比如养殖的真鲷、鲈鱼，比起天然的，肉松而质感糙涩。

还有更厉害的，能辨识它们出身的海域。春天，我

落网的长尾大眼鲷。

（蔡祥山　供图）

和一帮闽东海脚人在霞浦酒店品两种大眼鲷。长尾大眼鲷算是质味最粗糙的，但也有海域之别。朋友阿国说，南海的长尾大眼鲷，肉粗味寡；东海所产比它要略胜一筹。众人一试，果然如他所说。

当然，识别能力要这般敏锐，舌尖须在万千条鱼体砥砺过。

三

大眼鲷过去不受待见，乃鳞片难刮。一般人用对付马面鲀的办法，把皮一剥了之，它也因此同样被叫作剥皮鱼，其实难剥多了。

偷懒而讨巧的做法是带皮直接盐焗或清蒸，缺点是肉太干涩。

我在厦门海珍缘私厨吃过清蒸打冷的，品食蘸的是

短尾大眼鲷生活于西太平洋—印度洋的暖水域，红白斑块散布绚烂的
油彩，令人赏心悦目。

（林艳阳　供图）

加工过的甜酱——葱头末、蒜泥、菜脯末以重油炒过，
倒入等量甜酱烹煮。混裹了甜味的油脂，滋润了枯涩的
鱼肉，味道丰富，很耐品哑。

　　多年前，朋友颜靖从云南觅得《舌尖上的中国》中
著名的诺邓火腿回来，请几位同好品尝。

　　肉色黑红的诺邓火腿，入口似乎不及金华火腿，后

来才慢慢出味，鲜得古朴深沉。我浮想，它是融入了滇西北山民文化吧，讷于言而质于实。

忽然动念：如果用它与海鲜大眼鲷合味呢？

颜靖细心，早为同席朋友每人备了一方诺邓火腿，让各人带回家品尝。

买来大眼鲷，从火腿上片出一厘米厚油层，覆盖鱼体。蒸七八分钟，先有豆油姜葱味，然后是火腿香味，浓郁的鱼香渐渐冒出来。到一刻钟，隐约有鱼鲜融入。揭锅时，满厨房噗噗蒸腾着素朴沉厚的火腿香和轻鲜鱼味。

妙在动箸之后，诸香合而为一。最妙的是，如我预想，火腿油渗入肌间，鱼肉变得富有弹性，坚实耐嚼。越嚼，越有发酵的猪肉脂香融合鱼鲜散发出来。

大眼鲷菜肴中，罕有人注意的鱼肝，乃鱼鲜圣品，口感略挺结而质地细腻，舌腭轻辗后飘出的肝泥香，不似魟鲨鱼肝那般浓油腻人。阿国说，在他店里，不带肝上桌的大眼鲷，是要被退菜的——食客多是渔民，吃海老饕。

带鱼：你吃的究竟是什么带

带鱼

白带鱼

　　我国的带鱼主要有八种：日本带鱼（*Trichiurus japonicus*）、白带鱼（*Trichiurus lepturus*）、南海带鱼（*Trichiurus nanhaiensis*）、短带鱼（*Trichiurus brevis*）、珠带鱼（*Trichiurus margarites*）、沙带鱼（*Lepturacanthus savala*）、小带鱼（*Eupleurogrammus muticus*）、狭颅带鱼（*Tentoriceps cristatus*）。前二者共有俗名白鱼、白刀鱼、刣鱼、鳞刀、裙带、肥带、油带、牙带鱼、鳞带鱼、青宗鱼、黄棱油带、天竺带鱼。

十几年前去台湾，快到花东纵谷，停车在海边餐馆吃午饭。这里也组织游客出海看鲸鱼。没时间去开眼界，倒是把排档上的鱼细看一遍。好几种色彩缤纷的珊瑚礁鱼，是厦门没有的。奇怪的是带鱼，头部比厦门"本港带鱼"短粗，凶悍有力。一吃，肉质比本港带鱼粗糙，没有本港带鱼的细腻与浓郁脂香。许是在大洋搏击的缘故吧，后来知道，它是另一个品种——狭颅带鱼。

一

带鱼，闽南人称之为白鱼，他们喜欢白眼黑珠的本港白鱼。在堪称"厦门传统民生活态博物馆"的第八市场，鱼贩卖带鱼，总喊"本港呀！本港呀！"，闽南人称正路货为"正港"，就源于此。

老厦门人一瞥那洋人眼睛般微黄、浊绿的鱼眼，哼哼两声"番仔鱼"，晃首而过。

"番仔鱼"是带鱼的一个品种，南海带鱼，从东海尾分布到印度洋。它目大而虹彩金黄至发绿，胸鳍、背鳍淡黄而鳍缘灰黑，鱼尾骤缩成黑细条，背鳍下常有骨瘤，肉粗味寡，谁喜欢啊？

但如今，有老厦门一嚼白眼黑珠的本港白鱼，就叫起来：不对啊！肉枯质柴，没油香不说，背鳍下怎么也有"番仔鱼"的骨珠?！愤然感慨，世界变化快，带鱼都变种啦！

就我这海味馋猫，也没少翻过船，这才研究起奇怪的"本港带鱼"。

其实科学家也烦一个多世纪了，到 2018 年才搞清它的谱系。

简单说历史。

南海短带鱼，是北太平洋多数带鱼的祖先，分出

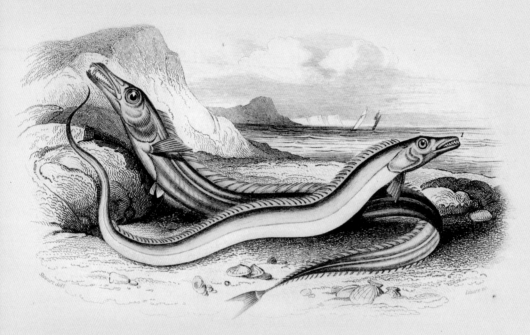

带鱼科有 9 属 44 种，中国有包括带鱼属在内的 4 个属。图中是白带鱼
与另属的叉尾带鱼。

（《鱼类学》，1866 年，哈密尔顿·罗伯特绘）

"番仔鱼"——南海带鱼。南海带鱼一支向西南的印度洋
扩散，另一支向东北移动。

870 万年前，东北支分化出了白带鱼和日本带鱼两
个品种。

百万年前地球气温回暖，日本带鱼从冰期避难所浮
起，沿东亚大陆架区扩散。而白带鱼则串游全球大洋、
河口，各地学者给它起的种名就多达十四个。

它们是西北太平洋的主力带鱼，模样相似，也交叉
混栖，以至于借分子生物学甄别之前，科学家只好统称
其为"东海带鱼"，以海域来区别种群。

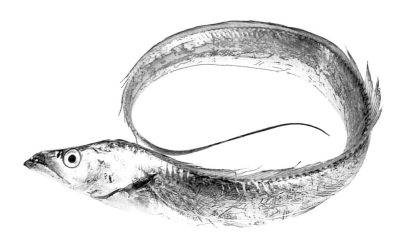

日本带鱼尾巴缩小得很快，头部也短而高一些。

北方白鱼，洄游北海道到长江口之间，随日本海、黄海暖流的消长而改变觅食、繁殖的时空。

南方白鱼体形较小，肉质比较细嫩。它们以舟山渔场为集散中心，春天乘暖水趋岸，北上索食，夏季繁殖，秋天撤退到长江口、闽浙渔场形成冬汛。

北风啸叫时，南北种群都会南下，或东移外海避寒。

二

古早时，秋风噗噗拍帆，江苏黑头船、浙江白头船、福建绿头船甚至广东红头船，就顶着东北季风北上，自对马海峡开始，拦截南下带鱼。

它们是中国海洋最庞大的游击军团。夜行军时，群浮于水表，锃亮银光熠熠烁烁，在波狂浪阔的暗海如月光延伸似的奔泻。明代屠本畯在《闽中海错疏》中描述："身薄而长，其形如带，锐口尖尾，只一脊骨而无鲠无鳞，入夜烂然有光，大者长五六尺。"

聂璜在《海错图》中说："考诸类书，无带鱼。《闽志福》兴、漳、泉、福宁州并载是鱼，盖闽中之海产也，故浙粤皆罕有焉。"实际上白带鱼的南方活动中心就在聂璜老家附近的舟山啊！他还说，"然闽之内海亦无有也，捕此多系漳泉渔户之善水而不畏风涛者，驾船出数百里外大洋深水处捕之"。

同是杭州人的清代大医家赵学敏在《本草纲目拾遗》引述《物鉴》更夸张的说法："带鱼，形纤长似带，衔尾而行，渔人取得其一，则连类而起，不可断绝，至盈舟溢载，始举刀割断，舍去其余。"即钓上一条，就如扯起不尽长带，扯到船满了再一刀斩断。聂璜画的即这种"连类而起"的情景。

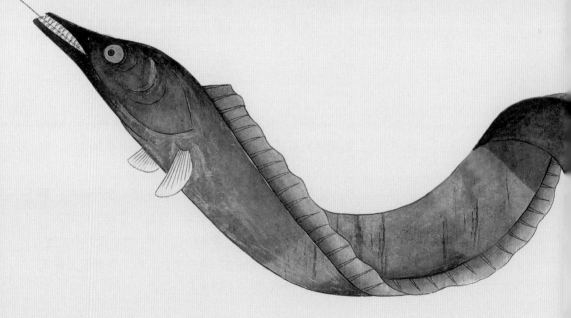

带鱼赞

银带千围
涵载而归
渔翁暴富
莲塑生辉

有鲜鱼即指带鱼也
则乾燥而香美矣字书鱼部
醃浸其味薄其气腥至江浙
带鱼不能造出也带鱼闽中
以禁海之侯偷界球捕者无
百里外大洋深水处捕之是
水而不畏风涛者杂船此数
也捕此多系漳泉渔户之善
罕有焉然闽之内海亦无有
盖闽中之海产也故浙粤皆
福兴漳泉福宁州并载是鱼
徐勃考诸类书无带鱼闽志
崇王总镇大带鱼二共六十
年王师平臺湾刘國顕餽福
尺许重三十馀觔康熙十九
臺湾带鱼亦费於终大者闽
贯之軍浪傳之言不足信也
过二三尾而止无数十尾结
人有欲救之终不能脱钓
者亦随前鱼之势動摇後鱼
御其尾若救之终不能脱御
水中跌蕩不止乃有不餌者
带鱼咬餌则钩入喉不能脱
尾询之渔人曰不然也凡一
带鱼逰行百十为群衔尾其
一钓或两三颠不止平昔閒

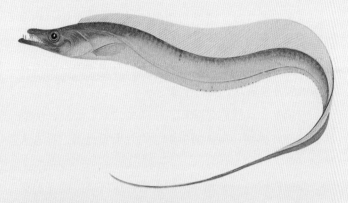

日本带鱼胸鳍暗灰，背鳍很宽且发灰，也称高鳍带鱼。无明显侧线，尾端渐渐变圆细。头部与背鳍都画得夸张，渐渐缩小的长尾巴，更像是白带鱼。

（《中国海鱼图解》）

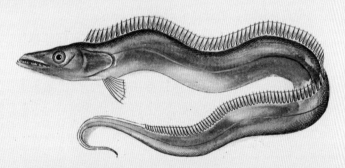

18世纪重要的鱼类学家马库斯·布洛赫在巨著《鱼类博物学》中画的白带鱼，好像也要突出它的飘逸、弯曲、柔软。

带鱼暑似海鳗而薄匾全體
皭然如銀魚市愧然日下望
之如入武庫刀劍森嚴靖光
閃爍產閩海大洋几海魚多
以春黄獨帶魚以冬黄至十
二月初仍散失漁人籍釣得
之釣用長繩約數十支各繫
以釣約四五百植一竹於是

带鱼窜游如蛇，借两边肌肉的收缩扭动前进。也交替用水平、垂直泳式，累了就放松身体，服从地球引力绵软下垂。眼睛依旧关注上方，一旦发现猎物，肌肉就如触电般急速震动，直线上蹿。

它们唯一优雅的是睡相，一条条"站"着睡，胸鳍和背鳍随波拂动，宛如海中飘漾的万千银丝带，日本人称它立鱼。

即便蓄积一身肥膘，它们依旧一路挤挤挨挨狂追猛吃。钓捕作业时代，渔人把钓上来的带鱼切斜段做饵，诱钓其族。古人记述，钓带鱼"一钓则衔尾而升"——后面的带鱼吞咬前面带鱼的尾巴，跟着上水。

我买过一条带鱼，尾巴——大约体长的四分之一断了，但愈合很好，估计是被同类咬去解馋。

要是频频捕到断尾者，渔老大明白流氓军团即将杀到，拉大网口等待。有时入网的阵容太过盛大，白刀银枪澎湃不止，网头起落，渔话称"三浮六浮"，拖不上来，渔人只能狠心割网放鱼。

三

小时候，腊月突起南风，妈妈会说，兴许有鱼吃了。西北太平洋秋末到春头盛行东北季风，骤转南风，预兆大变天，要"起暴头"。

暴头是飓风前锋，海上渔船，都抢在天公与大海翻脸前回港。

外祖父在厦门港开一家渔具店。家后门一开，跨过

带鱼牙齿尖利不让海鳗，料理时都得剁掉。

（周宏 供图）

一米来宽滑亮的石板路，就是沙坡尾避风坞。避风坞泊着大小渔船，帆桅错落林立。

看船仔人生活，是我们到外公家必有节目。穿薯莨汁染就的铁锈色宽衣阔裤的男子，利索地摇橹、抛碇、停船，提水洗舱板；渔家女穿着右衽的大袄衫，戴着纱线缠成的粉红或深红"烟筒箍"，在船头补网，在船尾炊饭；腰间绑着绳子的孩童，爬到船后竹笼前饲猪饲鸡鸭……

和外公熟识的船仔人，水涝（潮水退去）时，从船上伸出一条跳板，搭到我们脚下的石台阶，走上岸来。水满时则摇橹驾小船，甩缆靠岸，从船头跳过来。他们熟门熟路，进后门，过灶脚，穿过由于海风而潮润的砖石过道，到临街柜台，点买渔具，挎一弯麻索、提一串网钩回船。

渔船回港，要好的渔民朋友每每提鱼来送外公。遇有特别好的鱼，外公央求船仔人："我店头没闲。你反正不着急出海啦，帮我送后江埭。"

朋友知道，后江埭指的是我家。当时没公交车，请

20世纪80年代的厦门沙坡尾，渔船风帆大张入港来。
（资料图片：黄哲才摄于1977年5月）

不起三轮车，又不会骑自行车，渔民朋友略显拙笨地迈着船仔人典型的外八字脚，翘着屁股，一摆手一摆手，走十几里路把鱼送到，有时水也不喝一口就走了。印象最深的是有一年正月前，带鱼最盛时，船仔人朋友送来一条大带鱼，我正好放学回家，妈妈满脸挂着笑："看看，看看，阿公央人送来这大尾白鱼！"

酱汁带鱼。
（张霖 供图）

　　那是我见过的最大的带鱼，约五尺长、四寸来宽，略显肥短、臃肿。通身有银箔似的光泽，弯折处亮得发黑。七八斤吧？妈妈很认真地拿秤一称，"八斤七两！"

　　一寸多厚的鱼身难煎，于是横切为窄条，沿锅贴了一圈又一圈，应了厦门笑人蠢笨的俗语："白鱼竖着煎。"鱼肉刺刺作响淌下油来，外皮焦黄酥脆，肉质嫩腻甘鲜，入口满嘴馥郁芳香。妈妈笑吟吟地说，二月白鱼肥喷喷啊，用点肥肉逼锅后再没下油啦。吩咐我去隔壁请奶奶，先让她吃碗带鱼面线。

　　这样的煎带鱼，放滚汤里，丢下两绺面线，撒下葱珠就起锅。金色油珠在青葱、白面和焦黄鱼块间泛动，一含入嘴，浓郁脂香先喷出来。合着面慢慢咀嚼，鱼鲜浓郁，香而不腻，滋味悠长。它和大黄鱼或丝丁鱼、仔鱼煮线面，是早年宽裕人家孝敬老人的半午点心。

　　近几年，餐饮竞争热点从做法偏向选材，白鱼被重新认识了。各种本味做法盛行。

　　刚上水的带鱼，周身折散似光非光的蓝烟，犹如闪射宝蓝雪光的大刀。吃鲜简单，比如青岛人爱白煎：锅底放点水，几片姜，排入鱼段，闷数分钟，洒下芹珠，那肥腴软玉入口，脂肪从肉纤维渗出，化作油香。

　　最简单的是船家的做法——将鱼放到锅里与饭同

闽南人做白鱼，油炸，靠的还是好食材。

炊，饭熟，鱼也熟了。拉起鱼头，雪白粉肉簌簌落在饭上，有如雪洒玉珠盘。

四

"三年困难时期"，有亲戚在渔业部门，老同学饿极了求救。人命要紧啊，亲戚偷偷从仓库选一条相送。鱼太大，又没有车，那人把鱼头绑在扁担头，撬着走回去。鱼头过了头顶，鱼尾还有一尺多拖地上。那人回学校，漏夜把同事叫起床，杀鱼、生火，盐水煮熟了，鱼块堆尖了一个大脸盆，六个人放开肚皮死吃也没吃完。

最大的白鱼能多大呢？聂璜《海错图》记："台湾带鱼，亦发于冬，大者阔尺许，重三十余斤。"这是"康熙十九年，王师平台湾，刘国显馈福宁王总镇大带鱼二，共六十余斤"。进入鱼市，"悬烈日下，望之如入武库，刀剑森严，精光闪烁"。

这种外海带鱼，肉质粗粝而腥，明朝闽人谢肇淛在《五杂俎》中记述，"闽有带鱼，长丈余，无鳞而腥，诸鱼中最贱者，献客不以登俎"，上不了请客台面。

1928 年《同厦渔业之调查》记录东海带鱼，体长一般 8 尺，也就是 2.5 米。当时渔船带冰不多，许多只好在船上盐腌、晒干做鲞。

只有近海所获，船又赶着回港，才有外公送来的那种大而鲜的带鱼。

那么大的带鱼，我这辈子也就吃过那一回。

1960 年以前，中国海洋渔获量排名是带鱼、大黄鱼、乌贼、小黄鱼……带鱼因多而贱，身价垫底。而"麦带"——清明割麦时节放花繁殖的带鱼，乃非时瘦鱼，价钱再掉一半。若遇上"大发海"，一斤就只有几分钱了。

20 世纪 60 年代，推广机帆船、尼龙网，带鱼捕获量持续上升，冻带鱼被运往内地售卖，甚而成了单位的福利品。等不得冻块化解，一条条被粗暴地撕拉下来上秤，鲜美或腥臭的炸带鱼、炖带鱼、咸带鱼，塑造了内地人对海味的原初认识。

70 年代起，人类四处追捕，带鱼在外海也藏不住身。近年世界带鱼平均年产 130 万吨，八成是中国捕捞，主要是白带鱼和日本带鱼，资源不断逼近底线。幸好十余年来实行伏季休渔，而带鱼一二龄即繁殖，一年能生春秋两茬，每次产卵 3 万粒左右，才残喘挨到今天。

如今，老厦门人吃了白眼黑珠却肉味糙寡的进口"伪本港带鱼"，愤慨鱼心不古，其实是老皇历在全球化时代翻车——白带鱼分布全球啊！以 2020 年来说，中国冻带鱼进口 1.5 万吨，大部分是白带鱼，但不是"本港"的啦。

西北太平洋的大陆沿岸流，从白令海开始，一路

这么靓的白鱼，虽然白眼黑珠，胸鳍、背鳍皆白，却高额大眼，是进口的白带鱼。

（李毅颖 供图）

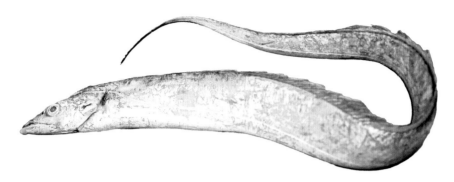

沈家门的小眼睛带鱼,特点是"三小一厚",即个儿小、头小、眼睛小,体肉比普通带鱼厚。它被称为"世界上最好吃的带鱼"。

汇集鸭绿江、黄河、长江、钱塘江、闽江、九龙江、韩江……带下的陆地营养,培养起立体的生物链,生长于这条海流里的带鱼——渤海湾小带鱼、吕四洋带鱼、沈家门小眼睛、舟山带鱼和闽南"本港带鱼",饵食丰富,味道都鲜美,尤其在繁殖季节。

如何辨识外来白带鱼与"本港带鱼"?我和一些行家探讨,在中国大陆沿岸流生活的白带鱼,有几个共同特征:头部角度低而喙长,眼白而珠黑;屁股眼约在身体中部;尾巴缓慢地收窄变薄进而成一条线。

作为疑惑焦点的眼色——虹彩差异,其实与海水的盐度、水深压力、微生物、年龄和鲜度都有关,一些本港白鱼的眼彩也有淡淡金黄。

而同一个品种,眼睛大小会因内外海的洋流与深浅而不同。

最后,白鱼下颌内是白色的,特别是它的浓郁脂香,那得吃了才明白啊!

凤尾鱼：历时经月的祈鱼祭

凤鲚

凤鲚，学名*Coilia mystus*，俗名还有红鲚、黄鲚、黄刺、鲞鱼、齐苗，鲱形目鳀科鲚属。刀鲚（*Coilia nasus*），中文名长颌鲚；七丝鲚（*Coilia grayii*），俗名刺鱼仔、白刺、长尾刺。

一

2003 年出差上海，彼时"私房菜"刚刚兴起，上海有几家私房菜馆风靡全国。正好路过法国梧桐掩映的某著名私房菜餐厅，一行人商量，赶赶时髦吧，不枉来新上海一趟。于是趸入那黑铁雕花栅栏围起的旧租界老洋房。

点了几个本帮菜，问侍应小弟有鱼没。他说，还剩三条刀鱼，就是有点小。

"哦，刀鱼？"

刀鱼，旧称鮆鱼，与鲥鱼、河豚并名"长江三鲜"，过去缘悭一面，正好见识见识。

翻开菜谱，一看图片，形如裁纸尖刀，银鳞细密，背鳍和胸鳍黄光熠熠，不就是凤尾鱼吗？小弟回说不是。

好吧，看鱼。

小弟把鱼端来：大的有二十多厘米长，两条小的未及其半。体形比凤尾鱼大，背平直如裁纸刀，更丰肥灿亮，是有些不同。

但是一斤竟要 198 元，贵得离谱！

也罢，试一回吧。

小弟把鱼拿去称过，回来报告说，总共三两二钱，建议清蒸。

颔首确定。不免思忖，到底是上海男人，做事恁般细致，计量精确到"钱"。

三条刀鱼一盘端上桌。浇了料酒与香菇笋片同蒸，银鳞渗出滴滴油珠，鱼身几近透明，衬以青白葱段、金黄姜丝，品相诱人。

一吃，刺多而柔细，一如凤尾鱼、刺鱼仔，略微香腴。但咸味重了，也甜腻，这是上海味道。

后来看李渔盛赞刀鱼的话："愈嚼愈甘，至果腹而不能释焉。"惭愧当时没那份感觉，或做法和他吃的不是一路吧。

闽南菜刀鱼香煎酱油水。
（吴嵘　供图）

江浙风的上海本帮菜——水煮刀鱼。
（冯洪江　供图）

　　结账时掏出四张大钞等着。不承想，拿来的账单是800多块钱。四人一齐吃惊：三条凤尾鱼600多块?!

　　小弟努嘴指菜单。仔细一看，198元后的斜杠下，分明是一个小小的"两"字！

　　一边自惭形秽，一边感慨店家生意做得也忒精了些。

　　一斤1980元，是什么鱼呀?! 当时厦门市场，凤尾鱼一斤也就五六块钱。

　　出门来调侃：土了吧? 把大碗吃鱼、大只吃蟹的海边做派，拿来大上海出丑。

俗称"凤尾鱼"的这类鱼，中国有三种，皆形如尖刀，脊背青黄，身披细鳞，腹下长弧形的臀鳍如一弯蓬松的羽毛，从腹孔一直延展到尾巴。细细比较，三者有些差别。

刀鱼，即长颌鲚，古人也写作魛鱼、鮤鱼、鮆，体量最大，刀背直挺，能长到八九两。九龙江口渔民，称它"刺鱼刀"，对它并不宠爱，说虽然肉厚，但是骨头梗硬。

凤尾鱼个头比刀鱼宽短，大者重不过二两。它果然

鲚鱼在《山海经》里已经出现，图为清代《禽虫典》中所绘，称薪鱼，据说吃了可防狐臭。
（《古本山海经图说》增订珍藏本）

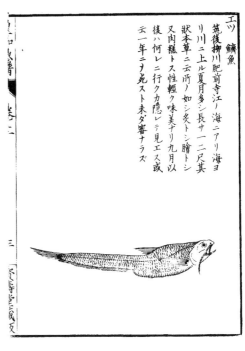

江户时代日本博物学家栗本丹洲画的刀鱼估计也是海刀，病恹恹的，神气不起来。栗本与聂璜生年同时，可谓是心有灵犀。画页上注：九月之后不知去向，或云一年即死，不敢确定。

（栗本丹洲《皇和鱼谱》）

高贵的刀鱼啊。

（赵立　供图）

不负"凤鲚"之名，体色赭黄，一身鳞光游移，流金泛银，胸鳍是六条分离成丝状的鳍条，横展于体侧，潮汕人称它"纤丝"。

七丝鲚，胸鳍就是七条长丝，鳞色银白些，比较瘦小。九龙江口地方称凤鲚为黄鼻刺鱼仔，七丝鲚相对应地称作白鼻刺鱼仔。

凤尾鱼大多生息于汽水域——咸淡水交汇区域，春天进淡水水域进行生殖洄游。

桃花灼灼、柳眼迷迷的江南烟雨时节，累积一身脂肪的刀鱼，溯游两三千里，至长江中游洞庭湖。从暮春到盛夏，分批入湖河产卵，之后顺流回海。幸运的亲鱼，即有生殖能力的成鱼，一生有五六次生殖旅行。

幼鱼长大，也回海里。不过也有适应了淡水环境，留下永驻的，俗称湖刀。定居小江小河者，称为河刀。河刀瘦小，二三十条才有一斤。而拒不入江河，只在河口生息繁衍的，称为海刀。

刀鱼中最高贵者，是来去江海的江刀。它自海入江，

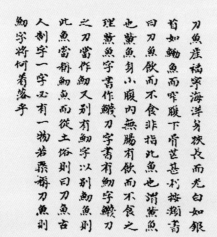

刀魚贊

有物如刀不堪剖爪
垂涎公儀見笑敬萃

刀魚產寧海洋身狹長而光白如銀
首如鰳魚而窄腹下骨芒甚利按黃書
曰刀魚飲而不食非指此魚也消黃魚
也黃魚身小腹內無腸有飲而不食之
理鮆魚字寄作鱭刀字寄有鮂字鱭刀
之刀當作鮂又別有鮂字以別鮂魚則
此魚當稱鮂魚而從工俗則曰刀魚古
人制字一字必有一物若黑將刀魚則
鮂字將何著落乎

聂璜《海错图》里的刀鱼，昂头张尾像鞋拔子。他边画边嘟囔说更像
鳓鱼啊。但马上又自我否定：古人制一字必有一物。否则鮂鱼与刀鱼，
各是何鱼呢？最后把它认定为刀鱼。我推测，这鱼，他没见过，更没
吃过。

七丝鳕，《中国海鱼图解》画工特意画出那七条鳍丝。

游到江阴、靖江一带时，咸味冲淡了，脂肪超过体重十分之一，鲜香馥郁，乃刀鱼之神品。即便如此，江阴百姓人家也只把它与肥肉同剁，包饺子、做馄饨或鱼面，据说极其嫩美香鲜，满口脂芳。

不论是神品还是俗品，刀鱼在长江流域曾繁盛非常，占据长江天然水产捕捞量的一半。1885年日本人山本田芳的《清国水产辨鲜》记："鲚鱼在江苏长江年产五百万斤，干鲚鱼年产约十五万斤运销各地。"

资料说，1973年长江沿岸刀鱼产量为3750吨，2011年则只有12吨！都是不忍翻看的陈年旧历了。2011年，江阴有酒家把总重一斤的三条江刀入盘清蒸，竟标价1万元！如此想来，上海那家花园餐厅的价格，就不那么让人咽不下去了。

三

闽南海域盛产的凤尾鱼、刺鱼仔，体形不及刀鱼，最大仅五六寸，质味则相去不远。但一般闽南人如今已经不屑细辨，统称这三种鱼为刺鱼仔。

厦门湾的"刺鱼仔"在暮春集群，随潮入东海水舌所及的九龙江江东桥河段。亲鱼黄昏汇合，吐精产卵后归海，鱼卵也顺流四五十里入海孵化，厦门湾因此终年有它倩影。

闽南疍民渔俗的奇异处之一是，明显保留了古越族的泛神崇拜。厦门港的渔民信海龙王与海上亡灵，讨外海的渔民祭祀龙珠殿供奉的池王爷，讨内海的敬钩钓王，用钓艚外洋作业的崇奉钓艚王。张姓的还供奉"老标元帅"，阮姓的是"三妈佬妈"……都是原始思维衍生的各种祖先崇拜、亡灵崇拜、奇异崇拜、英雄崇拜。

扼守九龙江刺鱼生殖洄游路线的龙海紫泥、白水一

英国画家威廉·亚历山大19世纪所绘水彩画是华南《渔民家庭》:"其中一个孩子肩膀上挂着一个葫芦,防止他落水时溺水。"
(*The Costume of China*,1805)

带,有诸多渔家帮头。有个帮头春天以捕刺鱼为主,他们的祭俗很奇异,你知道祭请的是哪路神明?刺鱼仔王。

渔户确定农历四月十三乃刺鱼仔王生日。每年那天起,迎请刺鱼仔王。一个月间,船家天天长篙短帆出港,围捕刺鱼仔,日暮登岸后,殷勤焚香祭酒,祈请刺鱼仔王大发善心,多送些子民入网。

农历三月十三和四月十三两天,帮头所有渔船须回港集合,把当天渔获归公出售,买回金银冥纸,祭谢刺鱼仔王。

"请刺鱼仔王"这种奇俗，我以为当得起中国最绵长的渔文化节。可惜当年官方缺乏指导，渔民也不识包装。换如今，设个"刺鱼仔王文化风情月"多好？刺鱼搭台、文化唱戏、旅游创收、项目引进、经济带动……

可惜刺鱼不争气，挨不到如今。从九龙江到中国所有河口，凤尾鱼汛二十多年前已经消失。

各种鱼类味道，都会因季节而有差异，凤尾鱼、刺鱼仔即其中典型。闽南人说："春刺马鲛味，夏刺狗不嗅。"春季骨头细软如须，丰腴鲜美，无论是煎、煮还是蒸，一碟子端上桌来，鲜香飘发萦席。过了谷雨，骨硬如针，肉薄味死，撒地上狗都懒得理它。

春天的刺鱼仔用文火慢煎到嫩肉半干，奇香冲鼻，忽忽从天井飘过巷陌，惹得人人咽口水。趁热夹起一条，浸入盛满蒜蓉老酱油膏的小碗，品味郁烈脂膏与蒜辣酱香的奇异味觉、嗅觉组合，这是九龙江河口人的经典食谱。

春末雌性凤尾鱼满腹鱼子，腹皮撑得薄亮，特称靠子鱼、烤子鱼，或美称海翅。品食烤子鱼，精华自然是那一囊鱼子。不拘是哪一种做法，鱼卵团入口略有粗糙感，细嚼时一个个鱼卵爆开，迸发出很有杀伤力的鲜香。

最经典的做法，是用荫豉煮炸过的凤尾鱼，鱼香酥而豉粒甘甜，这是曾经风靡东南亚的厦门"水仙花牌"凤尾鱼罐头的做法。

一位九龙江疍家老朋友说，刺鱼仔如今又有高妙的吃法：煎过，与切角状的旱黄瓜同煮，几度滚锅后，放入西红柿片。遍尝鱼鲜的这位仁兄评说，脂香浓郁而清

四

炸凤尾鱼。

爽多味，实为海鲜极品。

　　过了赏味时令的刺鱼仔，狗不屑理，却另有吃招。十几年前，夏天过鱼摊，遇有成堆贱卖，我包堆买下，算来一斤不过一两块钱。回家用黑醋稍浸过，或者以盐酒葱姜和黑醋豆油腌拌，滗干，入油用中火炸到金黄，笊起后把油沥干，豪咀大嚼，当钙片吃。

　　袁枚在《随园食单》中讥诮："金陵人畏其多刺，竟油炙极枯，然后煎之。谚曰'驼背夹直，其人不活'。此之谓也。"看来我亦一法同愚，其实不然。彼畏刺而煎炙到失鲜，此则近乎变废为宝也。

　　也是那些年，捕到大一点的刀鱼、凤尾鱼，有人收购运销日本、中国台湾等地。我说，何须出口，运到上海、江浙，价钱就比闽南高出十倍！

　　如今，它们在闽南的身价也飚飞了。2021年3月，九龙江口渔家传给我照片，附言"今年每条一两五的刀鱼，一斤要100元，前年才20元啊！"。

　　2023年夏天，我到宁波，在寻常馆子见到了刀鱼拼盘，一斤大几十元，我知道这是在水泥池大规模养殖的——该称"池刀"吧，但总算又在江南吃到刀鱼了啊。

鱇仔鱼：
软骨鱼谱系概览

台湾蝠鲼

　　闽南人所称鱇仔鱼，包括软骨鱼纲板鳃亚纲下目孔属孔鲼形目的鳐科、鲼科、魟科的所有鱼类，品种数不胜数。常见的有何氏鳐（*Okamejei hollandi*），俗名乞食魟、鸡丝魟；长鼻鳐（*Dipturus tengu*）；赤魟（*Dasyatis akajei*），俗名黄魟、红魟；中国团扇鳐（*Platyrhina sinensis*），俗名沙帽；台湾蝠鲼（*Mobula tarapacana*）；日本蝠鲼（*Mobula japonica*），俗名角魟；丁氏双鳍电鳐（*Narcine timlei*），俗名花痹、痹魟；孔鳐（*Raja porosa*），俗名老板鱼、蒲鱼、铧子鱼、锅盖鱼、虎色、水尺、油虎等；无斑鹞鲼（*Aetobatus flagellum*），俗名黑燕魟等。

　　双吻前口蝠鲼和阿式前口蝠鲼已经列入《濒危野生动植物种国际贸易公约》附录名单，我国从2014年起实施保护。

魠仔鱼，是闽南古人对扁体软骨鱼——鳐氏、魟氏、鲼氏的统称，常常被讹写作虹、鲂。

鲨鱼是最成功的地球物种之一，历经四次生物大灭绝而不死。它的另一大成功是"扁体改装"，衍生出了鳐、魟、鲼三个系列"兵种"。

近两亿年前的侏罗纪，圆体歪尾的鲨鱼，分化出了鳐鱼。鳐鱼扁体贴地，头部器官移位：眼睛和喷水孔朝天，腮瓣与嘴向地；推进器变成了长短不等的尾巴。

扁平的身体让古人以为它们会飞，故名鳐或者鹞，其实它们只分布在水中。

不同的生态位继续衍生出新的鳐鱼品种：沿袭滤食古法的、用生物高科技电击的、以灵敏电感系统搜索猎物的……形似吉他的中国团扇鳐、汤氏团扇鳐之类好像崇尚浪漫，暗色脊背上留一列、多列或横竖交叉的白色齿棘，游起来齿棘起落像琴键跳动，弹奏"浪子的心情"之类的歌谣。

它们的武装也从牙齿转移到尾部或背上，而电鳐则把神经能变为电能，最厉害的能发 220 伏电流，每秒放电 50 次，用来闪击小海族或抗御敌手，或开辟情感热线。十余秒后气力不济了，歇歇气又满电。渔人熟知它这特性，手持鱼叉在浅海蹚行，一旦感知麻痹，踩住脚，插下鱼标，挑一只电鳐上来。

放电鳐鱼模样都很萌。这是被记录为琵琶蒲的东京电鳐，皆状如雅
致团扇。

(《中国海鱼图解》)

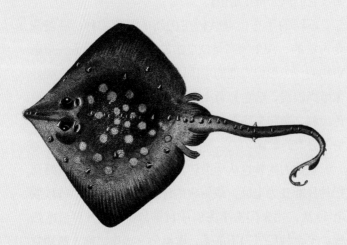

18 世纪德国鱼类学家马库斯·布洛赫手绘刺背鳐。令人惊异的是这
体表长满棘刺者，不是好斗的雄鱼，而是雌鱼。

(《鱼类博物学》)

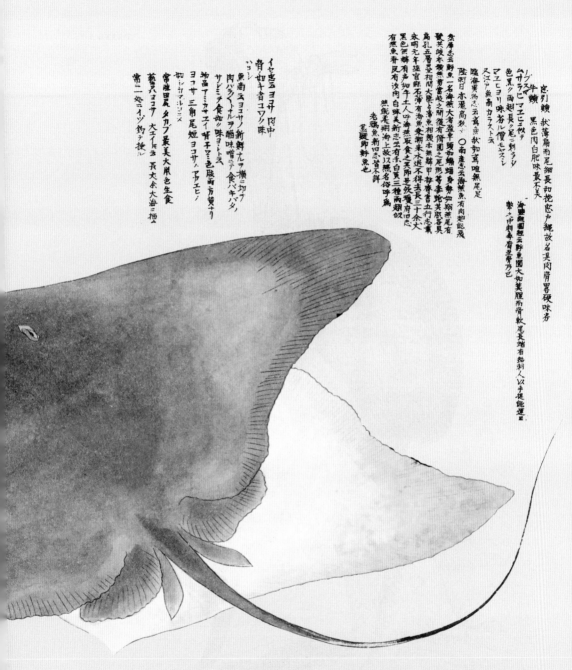

窓引類　状薄扁而尾細長如挽戸縄故名其肉骨署硬味劣

黒色肉白肥味最不美

ノブスマ　マエヒニニ似テ
色黒ク両翅長ク尾ニ刺アリ
マエヒヨリ味劣ル僧モヤス〳
スエ江ノ魚カラストミ

魚摩志云野魚一名海燕大者強車頭如蝙蝠身勢如翔燕尾有
鬐其岐亦嫩赤翦翦之間俄有倚圓之尾形等委路其処具
高五層最相間味苦相視市無鱗甲拟麻筍五行忠載
永明元年遠官鯨石滝有海魚愛朝来水遜不得主艮三十余大
黒色無鱗有芒如牛人呼海燕取食之其餌肥沈漫府臼
有然魚脊咫有次肉白黄色髭三種両翅似
燕脆尾翔海上故以燕俗呼鷁

○南産志云海鷁魚有肉翅能飛
陸附日本羅高教丈　○南産志云鷁無尾足
臨海異物志云萬魚状如鳶無足

海鷁図図云野魚圓大如莱腥而骨軟尾長端有銛刺人以手提能螫
肇太中肉奉骨芽骨乃巳

老鷁魚新旧忠詳不詳
黒鷁即野魚也

イセニテヨコナ　肉中
骨如十者ユワノ味
ハシレ

魚南テヨコサノ新鮮ナリ横ニ切テ
肉バラ〳ナルヲ醋味噌ニテ食バキバタノ
サシミニ食如ノ味ヨットミ
物品ニアミ　キャエイ　背干ニ色皮両方黄ナリ
ヨコサ　三角尾短ヨコサノ　アカエビノ
如クキブルジンス
常陸田尻　タカブ最美大胆色生食
藝州ハヨコサ　大ニイキヨ　丸ナリ
常ニ一処ニイゾ釣テ接ル

日本古代称之为牛鳍、窗引鳍，应是虹类。博物学者奥仓辰行引述，
"状薄扁而尾细长如挽窗绳，故名。其肉骨略硬味劣。黑色，肉白肥"。
最后狠加一句，味最不美。
（奥仓辰行《水族四帖》）

PLATE 20

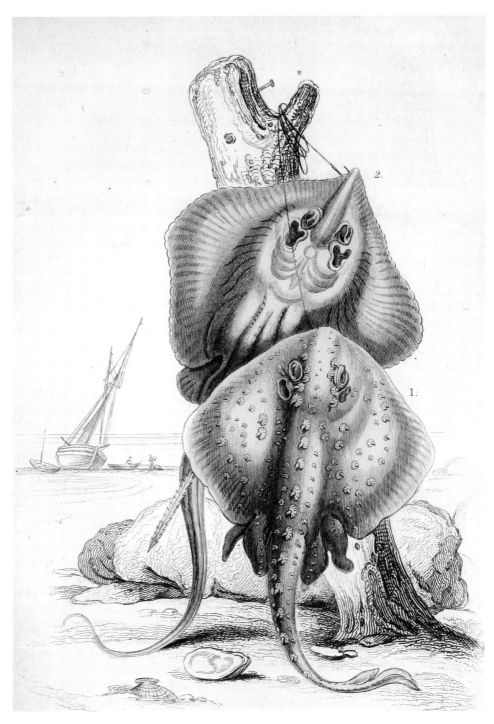

19 世纪西方鱼类学者绘制了两幅标本图，看来它们在西方也不被待见，都被吊起示众。

（《鱼类学》，威廉·查顿主编，哈佛大学图书馆藏）

花点魟。

（张伟伦　供图）

鳐鱼这"枝干"上，又生出魟、鲼两大"枝杈"。

魟鱼潜伏水底或埋于泥沙，扇动柔软的体盘，尾巴细长灵活，末端多带毒棘，有的背上也装备毒棘。

具体形态，各呈特色。黄魟、赤魟，像古代美人遮面的素色五角团扇。有的"团扇"巨大，2022年6月柬埔寨湄公河捕获了一条淡水圆魟，约长4米、重300公斤，创下这个科的体重世界纪录。

花点魟豪横，布满豹斑的体盘能伸展到1.5米。

双斑燕魟、日本燕魟，两翼圆柔张开，做蝴蝶状扇游。

鲼鱼是鳈仔鱼里最崭新的"枝丫"，在6000多万年前开始的"现代生物时代"，与被子植物、哺乳动物、鸟类、真骨鱼类、双壳类、腹足类、有孔虫等一起现身于这个星球。它在暖水水域立体分布，无论底栖滤食还是表层肉食，身材都伸展为游泳力更强的尖菱形，甚至能像鸟一样展翅腾跃。

比如台湾蝠鲼，选择洋面生活。它把尾巴再缩短，穿上洋气的"萝莉装"，头戴兔耳朵似的花结——从胸鳍进化来的头鳍，用来扒猎物入口。泳姿创新为旋转上升，愈接近海面速度愈快，而后嗖嗖凌跃，甚至表演半空翻转，最后却犯了跳水大忌——平胸落水，浪花拍天，声震遐迩。其实这是玩小心思，用搞怪、弄大声响来博异性注意。

三

鲼仔鱼气味腥秽，在闽南文化里也是咸湿的象征。海边人讽喻好色，要么说花脚蟹、鲹仔，要么就说鲼仔。

"熊抱"这个词流行过一阵子，我想发明一个词：魟抱。日本燕魟、无斑鹞鲼等，遇大猎物，会用宽大的胸鳍卷抱，再以线状扁口，慢慢啃食。

魟抱也用于情感行为。

赤纹魟初春发情，雄鱼巡游寻偶，遇到雌鱼，会用边鳍爱拂对方尾部，鼻尖频频点戳她的身体，以温柔的前戏，营造亲热的气氛。

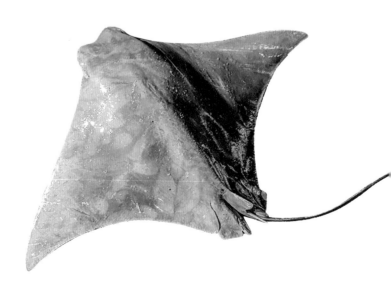

斑点鲼鲼也会"魟抱"。
（蔡祥山 供图）

《中国海鱼图解》装饰性地画了俗名为"金星蒲"的鳐鱼，应是日本隆
背鳐。它做事不像赤纹魟那样流氓，肉也好吃，闽南人称它鸡丝魟。

聂璜画了岩石上"状如银锭"的"石龙箱"，可能是魟鱼的卵囊。
（《海错图》）

只要对方没反对，雄鱼突然咬住雌鱼，以硕大身体卷抱，借势把鳍脚上的交尾器插入雌鱼的泄殖腔。

厦门港渔民老阮说，五六月，南风天，他到海上放绳钓，钓到一条百三四十斤的乞食魟。怕放舱里憋死，用塑料绳穿鼻，系在船尾拖入港。没想浮上三四十斤的小公魟，紧跟不舍，身体反复蹭擦那可怜的母魟求欢。

老阮操起尖锐的搭钩，把这不知生死的小鲜肉钩上来。他说，四十来年海上生涯，这样的事碰过两次。闽南人以魟鱼比喻贪腥好色，也许就来自渔人的这类经验。

老阮说，他气愤这东西不问对方的境况、心情，太无天良了。

四

生殖方式最能说明鳐仔鱼的不同进化路径。

与鲨鱼血缘最近的鳐鱼，已无法如鲨鱼胎生了，搞假胎生——卵胎生，子女营养初期靠卵黄，后期由母体提供。

魟鱼就多用卵生模式了。乞食魟那鸡蛋大小的角质卵囊如扁平的钱包，四角尖突，角端有卷须，方便挂上岩角、珊瑚、海藻，闽南渔民称它"箱"，欧洲渔夫浪漫，说它是"美人鱼的钱包"。

鲼鱼中的蝠鲼返祖，像鳐鱼一样采用卵胎生，每胎只生一崽。雌蝠鲼有时在海面腾跃，不是逃避敌害，也不是被寄生虫烦扰，而是独生子被欺负了，无处发泄，向老天发飙。

其实，闽南人喜爱的黄魟也是卵胎生，但是能生多胎。雌魟交配后，夏天就静卧内湾沙底养胎，到凉爽的秋天才分娩。

如果一胎两三头，小鳐仔会有母体四分之一大小，

小魟鱼翅干被摆成扇状售卖。

如果一胎七八头，便只有母体八分之一。一队小魟仔围着亲鱼出游，像小舰船随旗舰游弋。

渔人常在这时节用延绳钓诱钓内湾生产的黄魟，有时母子成群上来。

天可怜见啊，兀的不怜杀人也么哥，兀的不怜杀人也么哥！

捕到这么小的魟仔鱼，有时候捕到孕期母魟，杀出一肚子小鱼，放回去也活不了啦。弃之可惜，要吃，却腥味浓重。

邪魔老饕收罗这些鸡肋，斩尾，在鱼背拉几刀，用老酒拌少许红糖、酱油、姜片，覆盖其上，隔水蒸，出锅后缀以青红辣椒丝、白蒜丝、绿葱珠，观感、口感俱佳。

有位朋友另用一招：蒜头与普宁豆豉捣碎后在油锅里爆了，连姜丝撒在小魟仔上，入锅炊熟，撒上葱丝、芹珠，淋上酱油、热油，肉很筋道，周身软骨，不是鱼翅却胜似鱼翅！

只是太残酷啦。

五

2021年初秋，闽东朋友阿国在朋友圈晒黑燕魟视频，赞叹"好料！好料！"我连忙请他来图，其是鳐鳍属无斑鳐鳍。

他说，黑燕魟皮褐腹白、肉色深黑，有点怪异，肉味却鲜甜而浓香，品格在鲼仔鱼里名列第一。今天野生鱼价不断高企，在东海著名渔港三沙，形形色色的鲼仔鱼都有——从每斤一两元的牛屎魟到每斤三十来元的黄魟，这黑燕魟一斤竟要五十多元，与野生鲈鱼同价。

我问，真不腥吗？

怎么会腥呢？他接着补一句：刚出水的鲼仔鱼，哪种都不腥！

尝过他快递来的黑燕魟干，清蒸后蘸鱼露，越嚼越出油香，尤其是悠长的陆肉香，令我大吃一惊，实在是上佳酒肴啊。

儿子陪我小酌，说加黄酒蒸，应该也很好。

鲼仔鱼，人类误会了你千年！看来，所有关于鲼仔鱼的印象、评论，都得彻底推翻，特别是尿臊味之类恶喻。虽然鱼身有责，但说到底是保鲜无能的人类泼脏水。

鳐鱼就是煮淡泊的冬瓜，也没有腥臊味。

（张霖 供图）

海中展翼齐游的牛鼻鲼。（杨位迪　供图）

海带：
南移 22 个纬度的神奇物种

海

带

真海带
（东海养殖）

　　我国所见一般是真海带，即日本海带（*Laminaria japonica*），俗名甜海带，与狭叶海带（*Laminaria angustata*）、鬼海带（*Laminaria diabolica*）、长海带（*Laminaria longissima*）、利尻海带（*Laminaria ocbotensis*）等皆属藻虫界茸鞭亚界海带目海藻。

　　我国古代称为海带、昆布者，是其他大型海藻，如鹅掌菜（*Ecklonia kurome*），俗名还有黑菜、黑布、五掌菜等。

"有黄河鲤鱼，青浦芥菜，四川白木耳，福建青海带，北平熘丸子余汤，那南京烧鸭子来得快……"2019年春节，周璇土唱的老歌在网络火了一把。

八九十年前福建有青海带？

哦，有！从日本进口。

山东《芝罘水产志》记载，1949年以前，"我国食用海带全部依靠进口，占进口水产品第一位。烟台港海带进口量，1865年日本为1185吨，俄国为889吨；1872年日本为1217吨，俄国为7597吨。到抗日战争期间，从日本每年进口干海带一万吨以上"。

一

在日本，海带用的却是它在中国的古名：昆布。

西汉前成书的《尔雅·释草》，将比较宽的海藻称为"纶布"，后称"昆布"，纶、昆，意皆为大。南齐陶景弘《名医别录》说，"昆布近惟出高丽，绳把索之如卷麻，作黄黑色，柔韧可食"。中国海洋原无野生的大型海藻海带，长如"卷麻"的海带，是从朝鲜半岛进口的。

海带的地理分布中心，在太平洋西北部亚寒带。从北海道到堪察加半岛的海区，乃全球水温差最大的区域，大多数海带物种在此分化。仅北海道就衍生10属和47种，占全球海带种数一半。

海带最不可思议的是貌似植物，但与动物血缘更近。地球的原始微生物，以太阳光为能量，后来出现猎食者，分化出植物和动物。海带的祖先茸囊生物走中间路线，吞噬了光合作用者，变成两者"内共生"的结合体，属于"囊泡虫界"动物。不过由于它靠光合作用营生，学者把它归入植物，与也能进行光合作用的绿叶海兔，堪称描述地球生命谱系之怪异复杂的一对。

繁殖期的海带，叶面隆起孢子囊，像神秘的文字，书写海带在中国的神奇故事。孢子囊成熟破裂，进出的孢子，像动物用鞭毛游泳，找到固体附着，条件适宜时就发芽，长成海带。

（张伟伦　供图）

朝鲜丁若铨《兹山鱼谱》说，"海带，长一丈许，一根生叶。其根中立一干而干出两翼。其翼内紧外缓，襞积如印篆"。他还介绍了朝鲜的假海带、黑海带，也对昆布名实提出疑问："俗所谓甘藿，在本草不知为何名昆布？"

它只生于寒带，《潮州府志》却说海带、昆布之类在广东南澳尤多。

中国海藻学奠基人曾呈奎解释说：海带、昆布，在中国历史上指代多种海藻，除此之外，还有热带、亚热带的鹅掌菜、掌状蜈蚣藻等。

比如鹅掌菜，它是北太平洋西部特有的暖流性海藻，从日本到我国山东、浙江、福建沿海呈跳跃性零星分布趋势，大多生于流急浪大的潮线下 1~5 米的岩石上。

鹅掌菜是分类学上正宗的"昆布"，曾是衢州、平潭、莆田的特产。

大和民族对海带的认识，始于 8 世纪平安时代虾夷地（今北海道）进贡的海带干，见其宽大，也写作广布。

之后，他们鉴别产地、形态和味道，从真昆布这条根上，延伸出许多"布"：北海道日高国区域出产的日高昆布（狭叶海带）；钏路、根室地区的罗臼昆布或称鬼昆布（鬼海带）；长十余米的长昆布（长海带）；和真昆布很像的利尻昆布（利尻海带）；还有搓布（褐藻苔苔）、荒布、相良布……

"昆布，一名海布。六月土用中在虾夷松前江刺箱馆（今函馆）乘小舟，持镰刀潜水……" 18 世纪日本的《山海名产图会》，以此开头，记叙昆布。如今日本海带，九成五还是来自北海道。

海带赞
龙王號带
若位若黄
飘飘海上
旗旒央央

聂璜《海错图》画了两种海带。聂璜一开始就说，"海带产外海，光边者在水时杏黄色，阔七八寸。毛边者红黑色，阔半尺，长约一两丈不等。出水干之皆作黄绿色"。宽大者即我们常见的各种食用海带，细长如蜈蚣者，不详。但他究竟是如何见到这"外海"海带的，是一个有趣的问题。

　　其中最著名的是利尻昆布，产量极少，价格极高，日本现今只有素食馆和高级料亭用得起。一炖钵清水，底敷一片宽厚、素净的昆布，一方雪豆腐静置其上，慢火长煨，只有敏锐的味蕾能品出细腻深沉的和食滋味，那一钵汤，价同等量牛排。

　　这些"布"与鲣鱼片一起熬出汁，作为核心调味品，勾兑出了日本料理之魂。

　　接下来是有名的味精故事。

　　1908年的一天，东京大学化学教授池田菊苗发现晚餐的黄瓜海带汤特别鲜。黄瓜不会有这种鲜味，奥妙应在海带。次日他用剩汤萃取化学物质，半年后发现了叫"谷氨酸钠"的结晶体，谷氨酸和钠离子结合而成的这种钠盐，能呈现清淡的鲜味，即日语所称的旨味。

　　海带昂贵。而德国化学家里特豪森 1866 年已在小麦面筋中发现了谷氨酸钠。池田菊苗把材料改为小麦、豌豆，同样能合成谷氨酸钠。

　　他申请了调味品专利，命名"味の素"，1909 年铃木兄弟开始商业化生产。

　　谷氨酸钠提供的鲜味，是亚洲菜肴的灵魂味道，旋即作为昂贵的调味魔方输出全世界。我小时候，家里还有中国红的精美盒子，印着品名"味の素"。不过到 2000 年，世界味觉权威机构才认定这鲜味是酸甜苦咸之外的第五种味道。味觉学界同样有西方文化中心主义。

味の素广告。

三

　　2017 年，中国科学院海藻科学家和日本北海道大学学者共同确认：海带是 1930 年日本人大槻洋四郎从北海道函馆引入中国大连，再扩散至烟台、青岛等地。

　　这是一个经济侵略与职人精神搏斗的故事。

　　1930 年，日本学者大槻洋四郎考察了随船逸生大连的日本海带，认为其可在中国养殖。他携种菜到大连老虎滩试养成功。1943 年，这位"关东州浅海养殖株式会社社长兼技师"应芝罘水产公司约请，到渤海南岸做筏式养殖试验。1945 年日本投降，中方接收了日本公司，有关领导专程邀他来指导。1946 年春节后大槻洋四郎来了，继续担任公司技师，换了个意味深长的中国名字——杨殖昆。

　　1951 年，海带首次移植青岛，从老家北海道南进 5 个纬度到靠亚热带北缘的北纬 36 度。

　　1952 年，海带孢子人工采集等世界首创海带养殖理论和技术形成。

渔农把海带拖上沙滩晾晒。（洪霆　供图）

海中晾晒海带的场景真的好美。（许艾　供图）

1954 年大槻洋四郎在山东大学水产系教授任上返回日本。1970 年开始的日本海带养殖，不知有否他在中国摸索的技术经验。

后来，朱树屏博士小组发明了施肥和自然光育苗方法，满足了海带在温暖海洋快速生长的营养需求。

1956 年，海带一气跳 10 个纬度，到北纬 26 度的福建连江试养。之后更一路南下，直抵北回归线边上的广东南澳。

福建又选育出耐高温海带品种，养殖区向深海扩展。仅霞浦一县，近年海带干品产量就超过 20 万吨，与山东荣成分别为中国南北最大的"海带县"。

2021 年，中国海带干品产量有 152 万吨，占全球总产量九成以上。

海带从北纬 45 度的北海道移到北纬 23 度的南海北缘，纵跨 22 个纬度，由亚寒带物种变为亚热带物种；从两年生变成了一年生；2019 年中国科学家又让它一年两度繁衍。

海带成为福建海域水产养殖的一条重要链带。从霞浦连绵到连江，有一条百来公里的海带养殖带，它"带"起了仿刺参和鲍鱼两个巨大产业。北端霞浦是中国南方仿刺参养殖中心，南端连江的鲍鱼产量占全球两成半。它们以海带为食，扯出了一条总产值为四五百亿元的海水养殖产业链。

霞浦数十年来成了中国南方著名的海洋摄影基地。吸引摄影人的经典海景之一，是无数芊芊竹竿和潋洄的一圈圈波线，戏弄潋滟晴光、朝晖落霞，小巧渔舟或机帆船游弋其间。

四

霞浦养殖专家叶启旺说，那竹竿是淘汰的紫菜养殖棚架，渔农把它们插立到海带养殖区。初夏海带成熟，割下在海里荡洗丁净，就晾到竿间网索，晴天一天就干。多聪明的时空利用之举啊！这季节自广东南澳驱车北上到浙南，海上、沙滩、岩石、路墙、隙地、屋顶，全是海带，彰显着成为南方新风物的骄傲。这是海带养殖溢出的文化附加值。

　　明代倪朱谟《本草汇言》中记载，"昆布，咸能软坚，具性润下，寒能除热散结，故主十二种水肿、瘿瘤聚结气、瘰疮。东垣云：瘿坚如石者，非此不除，正咸能软坚之功也。详其气味性能治疗，与海藻大略相同"。

　　20世纪70年代，海带在闽南还是药食兼用之物。邻居大嫂缺碘，脖子长了大瘿瘤（甲状腺肿瘤），医生叫她吃海带炖排骨，坚持几年瘤子果然慢慢缩小。

　　那时我在山区插队，来了客人，囊中羞涩，做汤最

海带存放一段时间后，表面会渗出犹如鱿鱼干面霜的甘露醇粉霜，这是它的主要风味物质之一，也有医疗功效。
（林良营　供图）

简省的办法就是拿一毛钱，七分钱买一小扎干海带，三分钱请供销店主酌给一点味素粉——便宜的淀粉发酵萃取物。

如今海带满网推销，标榜"霞浦特级海带"的干品，一斤只要十余元。

所有藻类对海水中的元素都有一定的富集作用，但海带特别集碘。新冠疫情期间参加了一次饭局，主人是旅美营养学博士，点每道菜都和大家商量，独有一道海带却自行做主。叩问原因，他说海带是奇妙的解毒剂，有助于提高对疾病的免疫反应。碘和叶酸就不必说，海带中含量较高的维生素K有助于预防癌症、降低骨质疏松的风险，对肝功能也很重要……总之，食用海带有十四种好处。"当然也不能天天吃，碘过多有害，而且它含微量的砷，摄入过多会中毒。"

海带结与豆腐配伍，是廉价易得的保健食品。

海带吃腻了，有人发明了吃它的"娃娃菜"——海带芽。薄盐水里泡过的海带苗，长不过尺，翠绿翠绿的。煮汤，爽脆；凉拌、炒食，脆爽！

2017年，我在秋叶原的北海道物产展销厅溜了一圈，发现海带制品少说有数百种。买了佃煮、梅渍等近十种糖果装制品，拿回来和朋友分享：光是糖果型，就能做出这么多种零嘴，果然神奇啊！

不意前年，霞浦朋友寄来了一箱时兴的辣制海带结，与嗜辣朋友分享，都说好吃。我参观他的工厂，它已经研发了三十多个品种，年产值一个多亿，线上线下都卖得很好。

现在再来唱"福建青海带"，就很应时了。

海鳗：
幸亏人血是酸的

海鳗

海鳗，学名*Muraenesox cinereus*，鳗鲡目海鳗科海鳗属，别名有鹤海鳗、灰海鳗，俗称鳗鱼、白鳗、狗鳗、狼牙鳝、牙鱼、黄鳗、赤鳗、海鳝、海鲜、门鳝、即勾、勾鱼、长鱼。

厦门筼筜港南岸，原有个布袋状小海湾，名曰后江。20世纪30年代，建坝拦成了个水面数百亩的"后江埭"，养殖黄翅、红虾、乌仔、青蚵等名贵海产。集体化时代，大埭归了尾头渔业大队。

渔业大队每年泄一次水收鱼，名曰"漏大埭"。漏大埭那两三天，是周边讨海少年的盛大节日，谁都可以不问潮汐，到埭里捡漏。

大埭中间，有条长不过百米的深水沟。漏埭时水深不干，成了水族逃生所在，最多的是海鳗，因此这条水沟也称鳗沟。鳗沟最深也不过一米多，却没人敢下去，海边人深知海鳗牙齿锋利，咬断手指只是轻巧的功夫。

帮里个子最小的黑皮，胆子奇大，一声不吭下沟，三摸四搅，居然戽一条大鳗上岸！

那大鳗一触地，迅即仗尾腾立，和跳上沟的黑皮迎面相撞。黑皮顺势抱它摔倒，压在身下。我们拥上，团团把黑皮和海鳗压住。怎奈它气力孔猛，从黑皮怀中滑出，又挣脱了我们的拦围。

大鳗窜动两下，打挺跃升，深褐皮色在烈日下画出一道艳光炫目的抛物线，从半空栽入鳗沟，像炸弹落水，砰然溅出一连串环状浪片！

我们惊呆了。看着慢慢散开的漪涟，默然半天：失之交臂的这条海鳗，一米三四，大腿般粗，是二十斤还是三十斤？

一帮人遂转战另一去处——"鳗窟"。"鳗窟"是我们起的名字，乃埭边乱石堆中一片泥沼，烂泥里蛎石锋利，平素无人敢涉足，漏埭时总有海鳗躲回这老巢，委曲求生。

海鳗以尾钻洞，入洞后在泥面留孔呼吸。我们围着气孔踩鳗，也切断它气路。海鳗耐力极强，凭一口气就能蛰伏很久。明明被踩住了，又滑走。如此折腾近半个

113

小时，滑动明显无力。

终于踩住了一条。俯身在泥里摸到鳗头，掐住腮后软处，拉出泥面，它猛劲儿甩尾挣扎。我小心地在乱石间探路上岸，不承想，旁边高我一头、绰号叫老鸹二的家伙，伸手揪着鳗尾和我一起上岸，说是他捉的，把鳗抢过去。岸边围看的人说，"你不能以大欺小，揪尾巴怎么能抓到鳗？"

那家伙悻悻地说，那至少对分。

碰上这种人间海鳗，打不过他，只能认倒霉。老鸹二在岸边找来一块石片，把海鳗剁成两截，我分头，他分尾。

重下鳗窟，很快又踩到一条，用另一只脚寻到它的头。弯身，拔起，快步上岸，装入布袋，洗了手脚回家。

两条海鳗都有我小胳膊粗，长过两尺，每条三四斤。

海鳗头小而长吻突出，胴体粗圆，脊背暗褐，体侧褐灰——外海的多呈银灰色，腹部乳白如鹤，也叫鹤海鳗、褐海鳗、灰海鳗、白鳗。

它靠两侧肌肉交替伸缩前进，动起来如蛇行狼奔，悍猛迅捷。张开深裂到眼下的大口，如鳄鱼，能咬胴体粗过自身数倍的猎物。厦门港渔民老阮说，他捕过一条大海鳗，扔入船肚。一位女船工走过，那厮竟跃起咬住她胳膊，刀牙深嵌入肉。

老阮说，幸好啊，人血是酸的，鳗牙遇酸发软，咬不下去。要不，那厮一甩尾，鳗牙转一圈，女工胳膊肉就被切断了。

鳗牙遇人血是否发软，至今无人研究。不过，海鳗

翻看海鳗口腔构造。这一口锐利的牙齿，你不害怕？

晋江祥芝渔民在台湾海峡一网捕到了十多条大海鳗，每条三十多斤，而且是头短、肉质结实的雌鳗。
（蔡祥山　供图）

牙口构造极有讲究。

它的尖吻是突起的两枚倒钩犬牙，钩上猎物即拧麻花似的扭身把猎物甩昏，吞入口中。口里三排咬嚼牙对合，特别是上颌中那一列宽薄牙片——专业名字叫中行犁骨牙，有如铡刀，能把猎物一切两断。

厉害的还有它喉咙里长有活动的第二对颌，猎物入口，颌舌骨会前伸，将食物拉进喉下。一位老鱼商早年买了条十来斤的大海鳗，剖肚，里头一只大乌贼竟毫发无损，可见这刀锋战士有利用第二对颌狼吞虎咽的快捷方式。

闽南一些近海小船前些年还备有蓑衣。一捕上大鳗，即往蓑衣里扔，那厮信口乱咬，一咬蓑衣，牙齿就被乱丝缠住，渔民借机将它的头剁下。

浙闽粤捕鳗船，常在冬春或海鳗生育的初夏出捕，放下一张张数百米长的压底绫网，随潮扫掠水底。离开烂泥洞穴的游鳗，触网即被缠住。

也可以用延绳钓。长数千米的母绳上，隔十来米放一条子绳，子绳钩挂小马鲛、青花或巴浪，在水下闪闪腾动。海鳗吞饵凶猛，入肚感到鱼钩挂痛，翻滚挣扎，最易把连钩钓绳咬断或将子绳挣断。钓鳗连钩线段因此像带鱼钩，须用钢丝，而子绳与母绳联结处，也装着扣环，任它旋转。饶是如此，也有海鳗断绳夺命而去。

三

强悍霸道的海鳗，从东北亚分布到澳大利亚、印度洋。它们流窜征讨，所向无敌，成就了闽南文化生灵图谱里的枭雄形象。闽南人遵从"吃啥补啥"的朴素思维，坚信海鳗的强悍能通过食道注入人体，铸就豪气壮胆。

在闽南渔乡，鳗鱼头早就和虹鱼尾坝、鲻仔鱼鳃耙、石斑鱼喉、嘉腊鱼眼并称海中美味。鳗鱼头炖当归，是闽南民间治头风、补头脑的验方，当归除了有药力，兼带压腥调味，两者堪称神仙伴侣。早前，我请一位学兄品这道菜。后来他告诉我，每日写作至凌晨还精神抖擞，翻越青峦翠嶂腿力不减，这道药膳功不可没。原来他自那次品食后，对这一味上瘾了，时常自烹。

鳗尾、鳗鳔，也各有功效。闽南鱼谚说："鳗头治头风，鳗尾四两参。"形如条状气球的海鳗鳔，近年跟着石首鱼鳔涨价。别小看这轻飘飘的东西哦，稍大一条，能卖整条鱼价的两成，十斤以上野生海鳗的鳔，鲜品价竟涨到每斤两千元，明显是加了智商税。

对于如此强补的海鳗，很多人却望而生畏，怕的不是它的牙齿，而是它的y型骨刺。

为了对付骨刺，食客通常将它切两寸长短，纵剖八片，放热油锅炸。炸鳗条再入滚水煮四五分钟，鳗肉和油脂把汤头变白了，水汽蒸腾，飘出鳗鱼特有的香味。吃是见功力的时候：老海边人把鳗段横噙，咬下肉，吐出刺；外行人呢，肉刺混嚼，容易被刺扎唇舌或卡住喉咙。

海鳗在日本古代以"鱧"字标示，而此字在现代中文中指代黑鱼。日本厨人有一种致密的刀法——鱧切：巧用重刀，去了中骨、鳍骨的鳗身，每寸细切24刀，骨断皮连，逾寸再切断。

密切后的鳗块，一入滚汤就卷成玫瑰花朵状，蘸酸梅汁或酸味噌，佐以黄瓜片之类，乃关西料理名菜。海鳗料理，是大阪天神祭、京都祇园祭等日本重大迎神活动断不可缺的祭品，祇园祭甚至因它而称为鱧祭。

闽南老渔民有一道饭食叫"海鳗煮面线"——用遍身骨刺的海鳗煮绵软的线面，让你听了惊骇不止。其实与鱧切法出一门，长长的骨刺被切短了，吞得下就吞下，吞不下就吐出来，很务实通达。

最安全的鳗鱼菜，名曰去骨鳗。料理很费功夫：把鳗洗净，待鳗皮发皱，以麻油搓遍鱼身。用细纱布斜缠鳗体，愈紧愈好，之后盘曲蒸制。鳗肉熟烂后收水，骨刺突出纱布。解开纱布时，骨刺纷纷随之下来。偶有未下者，再以镊子夹出。

去刺之鳗再回锅蒸热，依喜好调味。重口味的有"麻油豆豉去骨鳗"：把豆豉、老萝卜干末、姜末炒过，勾芡，浇淋于盘鳗之上。喜欢清淡的，可以用蒸鱼豉油衬底，置去骨鳗于其上，撒上姜葱丝，然后将热油浇下，称"白灼去骨鳗"。

三一

壹岐海五十尋居ス八ム　アナコナリ
仙臺人ハモ小骨ナシ大者三尺四五寸
位細歯アリ
ハモハ京都兵庫ヨリ来ル七八寸ハ賞セズ頭腮小
背紺腹白味美江戸産ハ太ク短ク頭大ニテ浅鳥藍色ナリ
ハモ骨切ハモヲ開キ俎ノ上向ニ付木一数ヲオキ其ヲ準トシテ庖丁ヲアゲザレバ皮ヲ切ナリ是切ナラヌ時ハ傳授ナリ藻中居ム

海鳗的日语读音hamo，与汉语很接近，我认为是直接借鉴的。果然，19世纪中叶完成的日本鱼类图谱《水族四帖》，在海鳗册页上注：唐音之略欤。

顺带说说，江户时代日本的博物画，不仅借鉴西方博物画细致准确的特点，也保留中国画的气韵，有独特的风格。

油醋汁海鳗。

（张霖　供图）

野生海鳗死了，那凌厉的气势还在。

福建惠安盛产鳗鲞。鳗鲞炖猪蹄是老闽南人怀想的美味。而浙南、宁波一带的新风鳗鲞，在冬季西北风里慢慢发酵、分解、阴干，更有滋味，上品色泽透亮、油润生光，蒸吃有肥鸡的口感。

海鳗是壮阳强肾之物，不只年轻人，老人也该借它补血补气。但是，鳗类皆为发物，有严重慢性疾患和水产品过敏者宜望梅止渴。鳗类也如其他无鳞鱼，胆固醇含量较高，老年人和肥胖者应适当注意。

野生海鳗肚皮粗糙些，颜色较深，色泽有些亚光的感觉，但是腹白上布有血色丝网。养殖的呢，体色铜红、细皮嫩肉。

老海人不看这些，食时觉得骨架细、油脂多、纤维少，就明白这是养殖的啦。他们说，无论天然还是养殖，海鳗在春天都肉厚脂浓，尤其头部钝短的雌鳗，肉质更韧实好吃。

海兔：
能光合作用的动物

蓝斑背肛海兔

　　蓝斑背肛海兔，学名*Bursatella leachii*；叶羊，中文名黑岛侧鳃螺，学名*Costasiella kuroshimae*，均为软体动物门后鳃亚纲无盾目海兔科动物。绿叶海天牛学名*Elysia chlorotica*，腹足纲海天牛科海天牛属动物。海兔和海蛞蝓、海牛等分类尚待彻底厘清。它们的俗名有海猪仔、海猫仔、海珠姆、海鹿、海麒麟、海粉虫、雨虎等。

2004 年春夏之际，我在报社做事。读者发图片报料：海中发现不明怪物。编辑问：此是何物？

答曰："俗名海兔，也叫海猪仔。"

过几天又有报料，发现米粉般东西，黄青色，像毛线蓬蓬松松一团。我说，"海米粉，海兔的卵带"。

我让记者再请教专家，答案如我所说。但我不知，它大名叫蓝斑背肛海兔，而且有诸般神奇的功夫。

我幼年见到海兔，是在潮间带泥滩。拳头大小，一身青绿，像小刺猬，体缘列布亮蓝星眼和深褐凸斑。它竖着触角，不规则地伸展肉足，缓缓爬行，在阳光下随蠕动而泛出诡异的色光。

这东西身后不远，是一坨形同米粉的东西，停匀柔软、富有弹性，我想是它的排泄物。

把它们放鱼篓里带回来，问老讨海仔。答曰海兔，也叫海猪仔，一般不吃，没什么滋味。识吃人家，把内脏挤掉，用木灰揉净涎液，切薄片与三层肉、蒜青同炒。也可晒干，过年时炖肉。

蓬松一团的呢，叫海米粉，是海兔的卵带，像米粉一样炒煮，鲜美好吃。

他叮嘱我说，海米粉是凉性的，吃多了腹泻。

2021 年春头，朋友林鸿东给我发来一堆照片，说终于在海边看到了神奇的海兔。

一

海兔和乌贼、章鱼之类的软体动物，都自贝类分化而来。它们的近亲海牛、海蛞蝓、海天牛、海鳃之流，有的还留有细小薄脆的贝壳，或埋入体表、体内。印证海兔作为贝类的螺壳，变为半透明的角质膜，覆盖着身体。鳃也退化，靠皮表的刺凸来呼吸。

蓝斑背肛海兔幼体。
（张继灵　供图）

　　它保留了贝类的触角，却生成两对，前一对管触觉；后一对司嗅觉，爬行时向前斜伸，嗅察四周气味，休息才并拢向上，还真像兔子耳朵。

　　明代晋江才子何乔远所著的《闽书》，说它"状如绿毛龟，无介，纯肉，背有小孔，海粉出焉。晴明收之则色绿，阴雨收之则色黄"。其中不乏耳食之言。

　　海兔爱在海藻茂盛的内湾生息，体色依所食海藻的颜色而变化，翠绿、青黄或紫褐。有些海兔皮表遍布绒毛或树枝状突起，更彻底融入环境。

　　既是章鱼、乌贼的远亲，它就也会变色，也能施放烟幕——外套膜下有一条紫色腺，碰到敌害就喷出汁液染紫海水，借机逃之夭夭。

　　它却有章鱼、乌贼没有的一项功夫，即生有一条蛋白腺，能喷有臭味和毒性的酸性乳状汁液，用来退害杀

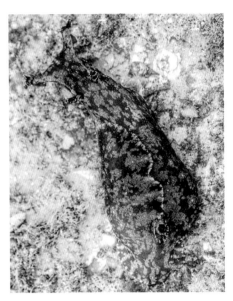

厦门湾常见的一种海兔，即黑斑海兔。
（吴润宏　供图）

这一团宝玉也是海兔？嗯。
（吴润宏　供图）

敌。后来有人发现这气味竟能致使孕妇流产，于是设想开发嗅觉避孕药。

海兔体表生有鲜红乳突，受到骚扰，它会摆动乳突，招惹捕食者叮咬。那乳突里含有刺细胞和腺体分泌物，捕食者知道厉害就走了。有人却执着不放，1963 年东山岛 123 人食用它，其中 14 人永久失明。

海兔和多数低等动物一样，雌雄同体。但它张扬地把性器官晾在背部，不像许多动物那样藏着掖着。

雌雄同体与性器官的位置，决定了海兔奇特的交合方式。

设若仅两只海兔，只得哥俩或姐妹轮流扮演雌雄。所幸海兔交配常集体行动，几只、十几只甚至上百只聚合。后一只把头塞入前一只背肛里，一只只头尾相衔成队，上演名副其实的"追尾事件"。精彩的是一大群海兔

它生气了？气鼓鼓似的侧翻，缩成一团。周身触丝缩成花边。
（林鸿东　供图）

它有时会肆无忌惮地张开背肛，赤裸裸地呈现交合器。
（林鸿东　供图）

头尾连接成环，每只同时扮演雌雄。

　　不是所有海兔种类的交合形态都这么风雅，有些肥胖的种类索性不管体统，几只窝宿成团。

　　海洋里只有银蛟的交配模式堪与海兔较量：雄银蛟以头部的性器官插入雌鱼头部凹口，但这是接头而不是交尾了。

　　海兔的链式交合能持续数日之久，卵子通过蛋白腺分泌的胶状物粘成细长绳索，它甚至长达数百米。有人计算一条 18 米长的卵索带，竟有卵子 10 万多个——它的自卫手段太有限了，只能拼量，不过存活率依然不高。

　　闽南人养殖海兔至少有两三百年历史，国内所有涉及海兔养殖的文献，必提厦门，看来此项事业厦门在全国也属"先行先试"。

一二

民国《厦门市志》称它海猪，记录甚详：

"柔软动物也。略似猪形，大仅如鼠，全身作细翠点，背有孔似鲸。种出金门烈屿及同安珩林等处海滨。初细如虮、如蚕。

……

冬至前后，吐粉条如线，谓之海粉，四月止。色淡青若海苔状，海粉从背上孔出，另有粪道。天气宜和暖，寒则不敢出游求食，严寒多饿冻死。"

渔农在冬天大潮时，捡拾幼小的海兔，放养在蛏蚶海埭。埭内遍插黍杆或竹枝，从农历十月到次年农历四月的温暖午后，海兔会攀附枝杆产卵。渔农以铁钩钩取，乘湿疏散，不使团结。回家后按绿、浅绿、黄、深黄颜色，分开晾干。

海兔在厦门曾规模化养殖，1954 年在集美设立公私合营厦门水产养殖场，面积达五百亩，主业即混养海兔和蚶，主管单位竟是厦门市人民委员会（今厦门市人民政府）。

1959 年，厦门辖下同安区的海粉产量达到高峰，收获干品 11.3 吨，此后锐减，1964 年主产区被围垦造田，遂告结束。

地方史专家黄国富说，改革开放初期，厦门岛沿海尚有养殖，鞍山钢铁厂专人采购去做高温保健品，每斤一二十元，当时猪肉每斤才不到一元。

如今只有渔民在海里偶见，顺手采制。

三

蓝斑背肛海兔在厦门年生两季："春母"——生长于春分至立夏者，粉色中多带淡黄色，品质较次；"冬母"——生长于霜降至大雪者，粉色中多带青蓝色，品

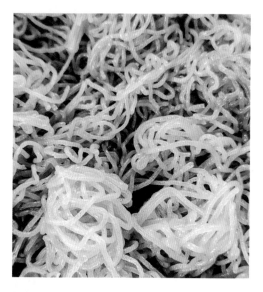

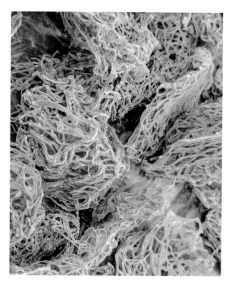

鲜海粉。

干海粉，现一斤六百元。

（周宏　供图）

质较佳。

晒干的海兔卵带，行话称海粉，乃当今厦门鲜有
人知的名产。雍正三年直隶总督《奏报福建货船抵天津
折》里，就记载两艘漳州船只分别带有海粉一箱和三箱。
1723 年至 1731 年福建运抵天津的货物中，有十三次包
括海粉，货值在六十多种货物里仅次于银珠，是鱼鳔的
十倍。

民国《厦门市志》说，"每百斤现价百元，数年前，
陡增至百七八十元。销售浙江之宁波、江苏之上海等处。
品视燕窝为次。惟每年出产统计，在五六千斤而已"。

"品视燕窝为次"，你说它在名贵滋补品里，地位有
多高！

至于海粉的营养成分，已查清的是，蛋白质占 32%，
脂肪占 9%，还有十多种矿物质和维生素。

海粉如何食用？古人用于"点羹汤"，也就是作品汤

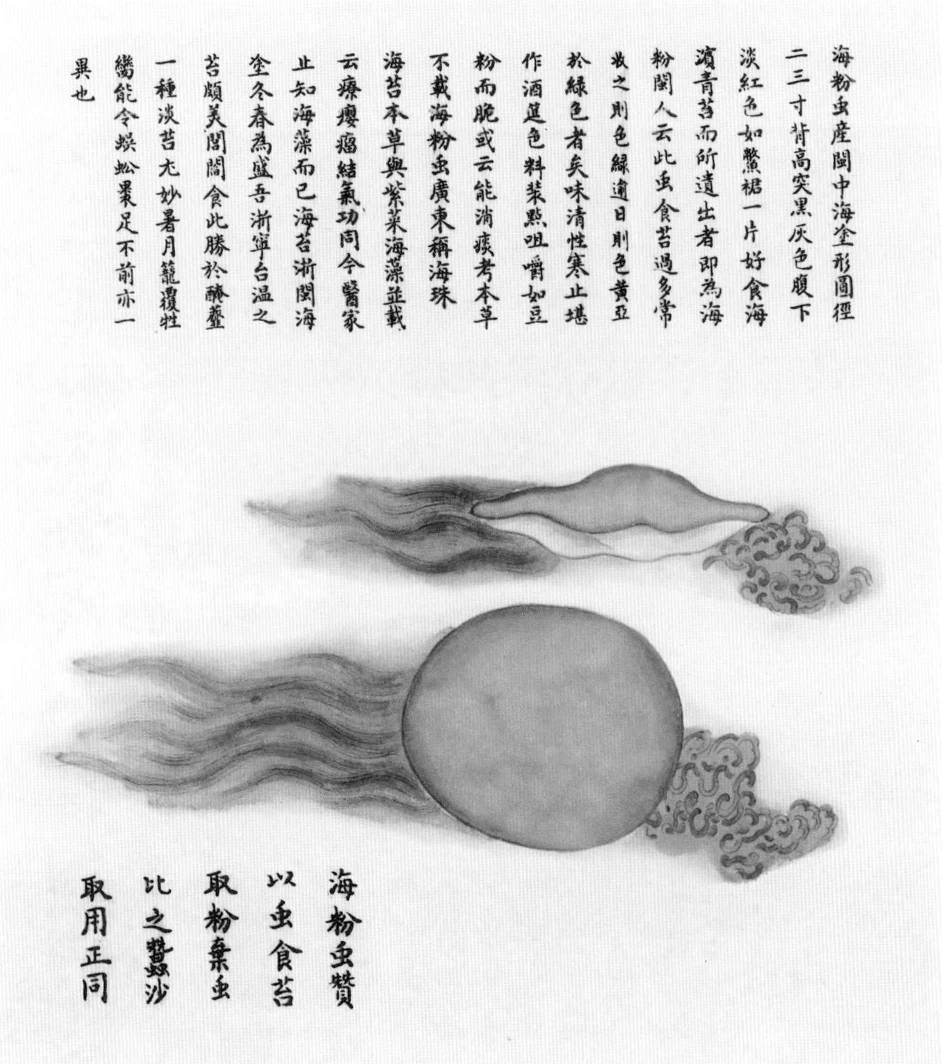
海粉虫產閩中海塗形圓徑
二三寸背高突黑灰色腹下
淡紅色如鱉裙一片好食海
濱青苔而所遺出者即為海
粉閩人云此虫食苔過多常
收之則色綠遇日則色黃亞
於綠色者矣味清性寒止堪
作酒筵色料裝點咀嚼如豆
粉而脆或云能消痰考本草
不載海粉虫廣東稱海珠
海苔本草與紫菜海藻並載
云療癭瘤結氣功同今醫家
止知海藻而已海苔浙閩海
塗冬春為盛吾浙寧台溫之
苔頗美閩閩食此勝於醃虀
一種淡苔尤妙暑月籠覆牲
鬻能令蜈蚣累足不前亦一
異也
海粉虫贊
以虫食苔
取粉棄虫
比之蠶沙
取用正同

聂璜《海错图》称它“海粉虫”。

菜的调料。闽西赣南客家喜欢用它与鸡肉、猪肉、香菇同烹，做宴客佳肴。

《本草纲目》称它能软坚散结，能治赤痢、风痰。海粉加冰糖炖服，治发烧、咳嗽、鼻衄，也用作消热饮方。

海粉声名日大，与《海错百一录》并名的北方海洋典籍《记海错》里，作者郝懿行干脆用"海粉"指称海兔。

能否进行光合作用，在生物学里是动物和植物的主要分界线。眼虫等藻类，因此被甄别为介于动物和植物之间的单细胞真核生物。

科学家发现，生活在美国东部沿海和加拿大盐碱滩的一种海兔，竟横跨两界——它能吸收所吃藻类的叶绿素，转入体内进行光合作用，转化能量。

这是科学家发现的第一种能够直接利用叶绿素的动物！

之后，红树林里一种体长不过五毫米的海蛞蝓——绰号叫"叶羊"的黑岛侧鳃螺，也被发现有同样的法力。

科学家又发现，海兔门下的绿叶海天牛干脆把海藻的叶绿素基因转移进自己的消化系统细胞，使自己体色亮绿，并自造叶绿素。而有些海兔更能将此种基因遗传下一代，但要食用足量藻类叶绿体后才能进行光合作用。

它如何盗取基因？为何要吃到足量海藻后基因才启动？此类问题依然令科学家困惑。

海兔的光合作用机制被发现了，我认为其意义不逊于蒸汽机、原子能、互联网和人工智能的发明！

大胆设想一下：倘若能把这基因转移到人体，让人体自行生产碳水化合物，关系人类生存最重大的粮食问

白斑马蹄鳃海蛞蝓多精致啊！
（龚菲菲 供图）

题就基本解决了，碳排放问题也不在话下，地球温室效应的人为因素也去掉了大半。

2021年，中国科学家在全球首次实现了二氧化碳到淀粉的合成技术突破，这意味着"喝西北风"不再是风凉话了。

但是海兔依旧是人类的教师，它不需要电流、工厂，以最复杂却也最简单的生化方法解决问题。

你说，当今世界最重大的问题是不是去了一半？

损失当然也有，比如帝国巨头失去以粮食短缺作为战争理由的兴奋，饕餮丧失了品尝山珍海错的口舌快感，有山林情结如我者也没有躬耕田亩的趣味。

海兔对于人类的神谕般启发不止于此。

2000年诺贝尔奖得主埃里克·坎德尔研究海兔，发现了经典学习模型的细胞原理。海兔的"大脑"简单得出奇，只有几千个超大的神经元，但记忆分子与人的部分记忆分子差别并不大，人类可以通过观察其记忆过程的化学机制来开发抗健忘药物。你我衰老时，许能借此减免健忘之苦啊。

研究人员还从海兔腺体中提取出一种名为"阿普里罗灵"的化合物，这种抗癌剂的功效堪比肿瘤坏死因子，只杀癌细胞，对正常细胞无害。

神兔啊！

我很遗憾厦门人中止养殖海兔，更遗憾未做深入研究。其实仅动物叶绿素一项跨界生物工程，就足以产生许多诺贝尔奖。金门县研究者近年在厦门湾找到许多海兔、海蛞蝓品种，从三十多种增加到上百种——包括全球首次发现的数个新品种。

海兔也可以是艺术创意的灵感源泉。世界上的海兔据说有三千多种，它们造型之诡异、色彩之奇丽，堪称一绝！我只看了数十种就惊叹不已，开始思考是否真有超人类的智慧存在。

不信，你上网搜搜，一定惊异得掉下巴。

忽然惊觉，从不追星的我，是不是恍惚间变成了"海粉"？

前几天，在朋友圈，竟看到有关它的艺术创意，一问是菲律宾华裔画家的作品，她竟让海兔舞替代狮子舞，把海外华人节庆中舞狮变成舞海兔。这么有意思的图画，叫舞海兔就没气势了，用海兔的台湾俗称来描述最相宜，"舞海麒麟"。

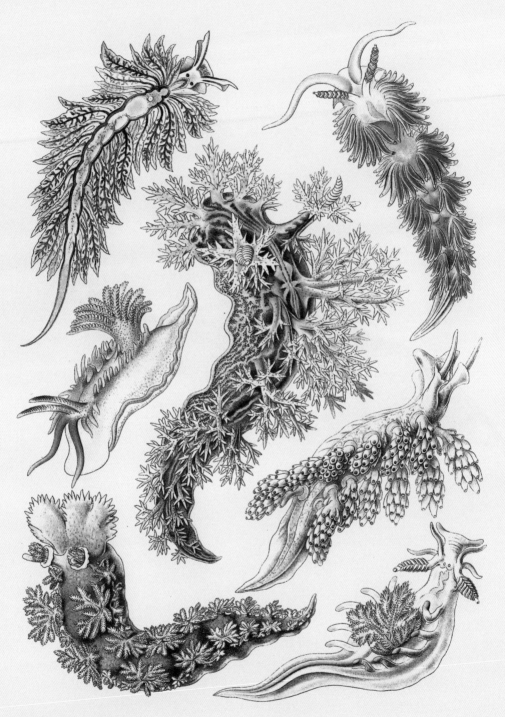

1904 年德国生物学家恩斯特·海克尔就画了如此多彩的海蛞蝓。
（选自《生物的艺术形态》）

红鼓：

高调秀爱的大西洋石首鱼

红鼓

鼓

眼斑拟石首鱼

　　眼斑拟石首鱼，学名 *Sciaenops ocellatus*，石首鱼科拟石首鱼属，俗名美国红鱼、红鱼、斑尾鲈、海峡鲈、黑斑红鲈、大西洋红鲈。

红鼓的长相，和其他石首鱼相仿，只有尾柄或臀后的醒目黑斑，让它从同科鱼类中凸显出来。

一般国人不知，它乃鱼中老外。红鼓，由英文俗名Red Drum直译而来。

石首鱼科鱼类都善鼓腹而鸣，但红鼓的本事是鸣鼓催情。雄鱼率先击鼓，雌鱼砰然应之，雌雄并游，鼓点愈来愈疾，耳鬓厮磨一番，繁衍之事遂成。

一

红鼓原籍为南美洲大西洋一侧，移民中国不过三十多年。不过我推想，或许百余年前，中国渔民就和它交过手。

20世纪初，广东、福建渔民驾船，借夏季的西南信风追鱼过美洲，乘环太平洋暖流回来。征程万余公里，跨过120个经度——三分之一的地球周长啊。两千多中国渔民在旧金山落脚后，从加拿大到墨西哥，陆续建立二十多个居民点，捕鱼抓蟹采贝，成为太平洋东岸渔业先驱。1913年巴拿马运河开通，红鼓借运河从加勒比海、大西洋来到东太平洋一侧。

每每读渔业史，我都为先人越海追鱼的豪气所撼。"漳泉之民自明季多航海外洋，以谋生计"，民国《同安县志》中如此描述，并叙说厦门渔民远涉重洋、开拓渔场乃至开埠建港的史实。例如清同治年间，洪思返等十一人到印尼海域，"在洋业渔，于风顺帆转之时，遥望火光烛天，咸以为异，冒险寻至其地，见山川秀丽，鱼虾充满，因筑庐其间，以收渔利，海产之多为外洋冠。后获利渐丰，以次建筑屋舍，户口数万，遂成贸易市区。荷兰人谓火曰亚比，因名其地峇眼亚比"。峇眼亚比（Bagan Siapiapi），今译作巴干亚比，20世纪成了世界最

20世纪初美国鱼类学家休·麦考密克·史密斯绘的红鱼。

大渔场之一。那烛天火光，后来才知是高大红树上密集的萤火虫。

之后，同安洪姓渔民又陆续开辟巴干亚比附近的赤礁巴、盐水港。

又如马来西亚的吉胆岛，如今是以吃螃蟹出名的观光地。满潮时是水上渔村，退潮高脚屋下乃是泥滩，鱼虾跳跃、螃蟹横行。据说这是华人在南洋登陆的最早地点，而岛上第二大村五条港，也是厦门刘五店、澳头渔民开辟的。

数百年来，闽南人因追鱼而在太平洋西岸千里海域迁播的故事，不胜枚举。而鱼类移居中土，是近几十年的事情。

不远万里来到中国的红鼓，背部浅黑、鳞有银泽，

二

1922年初夏，"厦门号"木帆船从厦门出发，航行18 000海里，穿越太平洋，到达加拿大，南下穿过开凿不久的巴拿马运河，访问美国东海岸许多城市，之后航行欧洲。这段描述来自第二代船主尼尔逊的《1922 "厦门号"的故事》。
（陈亚元　供图）

下腹中部白色，近似黄姑鱼。

我到鱼排参观，饵料甫一投下，红鼓立时蜂拥而上，嗖嗖争食，你死我活一般。而水面上竟是一片宝蓝，闪闪发亮，如果不是尾巴上的那个黑痣，还真以为认错了鱼。

大部分鱼类在被我们看到时，都是死后的体色。例如黄花鱼，活的时候并不灿亮金黄，只有黑暗时上水，才如此。鱼类生活时，鳞色多能变化，或融入环境，或引诱猎物、吸引异性、威吓敌害，或为自己照路，或标示结群。

鱼类体色变化源于两种色素细胞，虹彩细胞发射光线和颜色，而色素细胞含有多种色素，鱼类以神经系统脉冲调整它们的组合，快速变化体色。

偶尔也有另一种快速变色方法：有不法鱼贩知道顾客对红鼓陌生，用柠檬黄把它染黄冒充黄花鱼，这让内行人看了哭笑不得。闽南海边俗语笑人胆大欺客，说"春仔假红瓜"，用春子鱼冒充近似的黄花鱼还靠谱儿，那红鼓分明缀着黑斑，拿来假冒真欺人太甚了。

红鼓原先只是人工养殖，1981年引入后不久，就被放入台湾海峡。广温、广盐、适应力强大的红鼓，开始了本地化进程。报刊记载，2010年夏初，有人在浙江海域钓到体长1.23米、重达26公斤的红鼓。

诡异的是，如今野生红鼓在老家却遭遇危机，因为被钓捕太多。过去春秋季，在浅滩就能见到成百上千的红鼓涌入"情场"的光景，如今不再，当地野生动物保护委员会将它的捕获许可，永久地限制在每人每天一条。

在太平洋西岸，雨水节气后，红鼓进内海"抒情"，遥远的叫声在海边引发疯狂的回响，厦门钓友圈里报捷声纷至沓来，五斤、八斤、十斤……

士其说，他半个月里钓了七八条。野生红鼓体色很

市场售卖的通常是养殖一年、重量一斤左右的红鼓商品鱼。

漂亮，腹侧为金黄色，葵扇形尾巴还镶了一圈一厘米多宽的孔雀蓝。而且肉质很好，吃了钓来的野生红鼓，他太太再也咽不下养殖的了。

　　钓上来的野生红鼓，大多一身伤痕。我估摸是它们靠呼叫鼓囊挤卵无门，喊口号互打鸡血也未奏功，只好在岩石上蹭挤精卵，终免擦伤。看来，它们的爱情故事，没想象的那么罗曼蒂克。

　　红鼓比起养殖的石首鱼科其他土著种——大黄花鱼、小黄花鱼、春子等，生存优势明显。它吃食凶猛，干脆连水带饵吸入，一年能长到三五斤；适应力超强，海水、淡水、咸淡水不拘，对饵料也很不挑剔；更可怕的是繁殖力——三年就成熟，一条成年雌鱼能产卵数十万个，有些甚至就在网箱繁殖。有人忧心，红鼓会不会成为中国海域的强势外来入侵鱼种？

　　幸好，养殖的红鼓像那些洋品种，卖相极好，但肉

三

质粗松，滋味平淡，并不中吃。价格上不去，渔民的养殖热情应该会冷却下来。

养殖的红鼓常有轻微的饲料味道，大鱼可以片肉后盐渍，令其肌肉收缩，兼赋咸香，除掉异味再行烹调。

对以赋味为主的西方料理而言，味道寡淡的红鼓，是各种佐料的良好载体。美国新奥尔良的厨师在红鼓鱼体涂抹一种特殊的香料，继以猛火烤之，香味浓烈，称黑熏红鱼。20世纪80年代这道菜在新奥尔良被发明后，风行全美，成了经典红鼓菜肴。它就是野生红鼓危机的幕后推手？

我问养殖红鼓的渔人如何料理它，答案竟与西式料理殊途同归：最好是拿来做厦门式川菜"水煮活鱼"。

看来中国厨人和西方同行，在红鼓料理方法上不谋而合，为克服它肉味寡淡、油香不足的缺陷而赋予浓烈的味道，即施行中国烹调经典的第一规则——"有味令之出，无味令之入"。

一大盆浓郁重味的红油上浮满滚油炮大的辣椒，漏勺探入香雾腾腾的滚汤，捞出一勺鱼片，穿过重重麻辣辛香的屏障，才能哑摸到红鼓的淡淡鱼味。说来倒置本末，其实无可厚非，主角有时也可以跑跑龙套嘛。

混合酸辣和各色芳香植物的味道——洋溢东南亚情调的香茅红鱼，也是不错的赋味之法。
（张霖 供图）

花蛤：

从鸭绿江到北仑河口的廉价美味

花

蛤

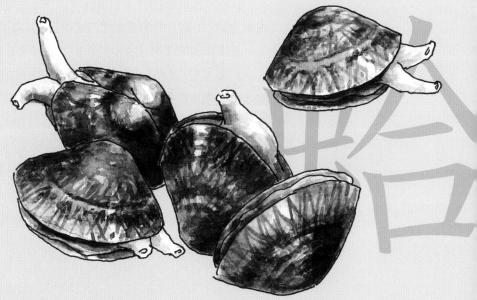

小眼花帘蛤

　　花蛤有两种：小眼花帘蛤（*Ruditapes variegata*），又
称杂色蛤仔；菲律宾花帘蛤（*Ruditapes philippinarum*），又
称菲律宾蛤仔。皆为帘蛤目帘蛤科贝类。俗名花甲、花蚶、
沙蛤、沙蚬子、蛤蜊、浅蜊、山水帘蛤等。

天气初热到深秋，厦门会展中心一线数公里海滩，常有自发的"花蛤风情旅游节"，数千人乌泱泱一片，追着退潮，在浅滩翻找花蛤。

他们寻到的都是形小而壳薄的杂色蛤仔。

花蛤还有另一个品种——菲律宾蛤仔，个大而壳厚。

两种花蛤的壳面都是同心弧线和放射状经纬交织，深浅花斑分布其间。壳纹有多种基本范式，但每一枚都展示了美纹的创意。"龙宫画师"聂璜赞叹说，"壳上作黄白青黑花纹如画家烘染之笔，轻描淡写。虽盈千累百，各一花样，并无雷同，奇矣！而本体两片花纹相对不错，益叹化工巧手之精细"。

海人知道，杂色蛤仔圆短，色淡而秀气，出自多沙海域；粗长暗黑的菲律宾蛤仔，生于多泥海域。

对食客来说，重要的是性价比。杂色蛤仔壳薄而肥脆，肉壳比大约六四开，而菲律宾蛤仔相反。不论哪一种，价格在贝类中都属低廉。

养殖者喜欢花蛤，因为它常底栖于池下，正好与鱼虾立体套养，吸收排泄物为养料，兼当水质清洁工。

业界重视花蛤，尤其是菲律宾蛤仔，它有优异的耐受力，离水存活时间长，方便广运南北。

中国沿海区域，水温和盐度变化幅度大，只有菲律宾蛤仔等广温性、广盐性贝类，随遇而安，逍遥生息。

聂璜被它的神奇图案魅惑，其画完花蛤，决意再以大图诠释它的三界轮回。

他说，古书《月令》就有霜降节候"雀化蛤"的记载，但麻雀变为细小的花蛤太不靠谱了。霞浦有位老先生说亲眼见过瓦雀成群飞集海涂，身穿沙涂之内而死。其羽

瓦雀即麻雀也闽人初见于迷海滨花蛤多係瓦雀所化

余不敢信以雀體大蛤體小為滑以蛤盡雀之量及觀若

翁更生為予言花蛤果為瓦雀所化曾親見之瓦雀常成

群飛集海塗以身穿入沙塗之內死其羽與骨漸漸所存

血肉變成小花蛤無數或以一雀而幻成數十百花蛤示

未可知非一雀一蛤也故花蛤無種類蓋所化然有

時盛衆有一年變者多則耿之若花蛤變矯然以有數乎無一花蛤之

時雀盛不衰或衆飛往他處炎然以有數乎無一花蛤之

蛤有一年變者少則取之青聞之不

而善飲必不敢予而妄為是說且月令原有雀入水為蛤

之典苐予未經見豈信利半而今得瓦雀化花蛤之說頌

月令者可以相悅以解而無疑

瓦雀變花蛤贊

花蛤母雀介屬化生

其殼班駁仿佛羽紋

《海错图》画出了瓦雀变花蛤的过程，并说"花蛤母雀，介属化生；贝壳斑驳，仿佛羽纹"。对于花蛤产量为何有年景盛衰，聂璜解释说取决于瓦雀来否。

骨血肉星散，变成无数小花蛤——这有道理了。况且老人善谈喜饮，更年届九十三，必诚不我欺也。于是欣然命笔。

蒙昧时期，人类对物种起源的猜想都差不多，一直到近代科学昌明的 19 世纪，英国人依然想不通物种生灭的缘由，同样持"生命不灭"的化生观念，认为燕子会潜入湖中变鱼，某种候鸟会变为另一种留鸟。

其实清代福建渔人已究明花蛤的奥秘。郭柏苍《海错百一录》记载："蛤出咸淡水，壳白，以花纹变幻不同，故名花蛤。产连江蛤沙者壳薄为上；宁德及长乐壶井、江田、闽县次之；福清产者略大而壳厚，连江官岭者杂大小为下。"产于连江的"壳薄"者，是杂色蛤仔；产于福清"略大而壳厚"的，是菲律宾蛤仔。

郭柏苍没想到，一个多世纪后，福清竟成了中国花蛤苗的主产地，中国海域 80% 以上的花蛤幼苗，就在这亚热带海区育到一厘米大小，春头售给附近渔农育成中苗，再远销暖温带黄渤海或热带南海养殖。它们凭借强大的适应力，在南北各地以不同速度生长，拉长了这种贝鲜的应市时间。

而相邻的莆田则完成了花蛤的全产业链开发，成为"中国花蛤之乡"。天人合力之下，花蛤成了中国四大养殖贝类之一。

二

但是，同在福建海岸线上的厦门湾，竟然不产花蛤！

从日本到菲律宾都出产的这东西，为什么偏躲开宜居的厦门湾呢？这问题几乎像为何会有花蛤这种鲜美贝类一样难解。

在厦门湾内，包括金门，早年称为花蛤者，是不同形状的等边浅蛤、三角浅蛤。外壳油亮多彩，有放射状纵带暗纹，却没有清晰的生长线和明暗花斑。

一出厦门湾，到漳浦就有花蛤，南下东山，不但有杂色蛤仔，更有一种奇异变种——纯白蛤仔。

花蛤何时现身厦门？以我所知，始于1965年。

那一年，集美镇拓展海滩养殖，整理两千亩滩涂，从福清买来两万多元菲律宾蛤仔幼苗，正月初三，冒严寒播下海田。

第二年去采收，壳都没一个！

隔年，附近马銮湾口发现了成片花蛤。自此一直到20世纪末，那一带成了厦门花蛤主产地。

花蛤移民的原因，是集美海域高盐，而花蛤喜欢有淡水流入的泥沙底质海湾。马銮湾有数条溪流汇入，水淡且肥美。芸芸花蛤从海流里嗅出味道，于是集体浮起于水面，以壳张合喷射水流来迁移。

再过几年，对着九龙江口的鼓浪屿西面海滩也突现大量花蛤，让讨海仔把整个泥滩犁翻了一遍。

三

盐度、营养之外，花蛤喜欢多沙的泥滩——沙子占七成左右最好，只是别太细，太细了阻力太大，伸展不了个头，体形会变得矮胖。

当然，阿弥陀佛，千万不要有掠食者，但这不是贝类自己能决定的。天然滩涂上的生物阶层关系，简单说是这样的：靠伸出两条水管过滤硅藻、原生动物和单鞭毛藻等浮游生物的花蛤和蛏蚶，居住于地下空间，是基本价值生产者。

世界各地的贝丘都在讲述贝类对人类早期生存的巨大贡献。采贝是比打猎更可靠的谋食方法。

　　蛳仔虽然也属低层，但是凭借足丝网络，能在一平方米滩涂表层生长一万五千多个，密遮到花蛤、蛏蚶无法出头。

　　花螺、蛏鳗以及一些鱼类，是这些地下、地表阶层的掠食者。

　　蟹类霸道，无论是表面还是泥下的蛏蚶蛤螺，它都能用强大的螯钳夹破外壳，撕食其肉。

　　章鱼是超级克星，大小通吃。别看它柔软，本事就是以柔克刚。它用腕尖试探花蛤、蛏类洞穴，凡有活者便强行撬门，吞食其肉。一只短蛸，平均每天吃掉两个大菲律宾蛤仔。遇上强梁螃蟹，它也能捆而食之。

　　王中王是鳗类，不论白鳗、章鱼、蟹、蛏鳗，通吃。

　　闯过重重劫杀、走到人类餐桌上的花蛤，每一只都有生存的故事。

　　一万二千年前，最后一次冰期从亚洲大陆走往日本的绳纹人，在海水复涨后，曾长时间靠花蛤等贝类维生，它们是静态的、可预期的食品，也是珍贵的蛋白质来源。

菲律宾蛤仔在泥池底套养壳色更黑。

日语里，浅蜊——菲律宾蛤仔读作 a sa li，这个读音也指代花蛤生息地浅濑和渔猎，从这一串语义推测，在浅滩采捕花蛤也许是日本渔业的开端。

在英语里，鱼和渔都是 fish，则进一步开阔了范畴。

第四纪冰期和间冰期交替之际，原始人类发展成了现代人。一百多万年来，他们一次次走出避难所——东非大峡谷，一波波在亚间冰期的气候波动中灭绝。只有我们——现代智人活下来并广为繁衍。

我常忖度：现代智人发达，是不是因为在尼罗河、非洲东海岸、西亚徘徊时，从水生生物特别是贝类中获得较多促进大脑发育的营养——比如 ω-3 脂肪酸之类，从而变得更聪明呢？

在日语里，浅蜊还和"爽快"这个词同音，"爽快"的语源是不是品食浅蜊而生出的鲜爽味觉？这是近乎玩

四

花蛤在日语里有多种写法：浅蜊、蛤仔和鲥。这是 18 世纪日本博物学家后藤梨春所画的花蛤。

（《随观写真·介部》）

笑的猜测了。但是日本最风行的海鲜拉面，没有花蛤，店家和食客都爽快不起来。它个小肉少，更多以汤、饭、炸物的配角身份出场。

花蛤每年有春秋两次繁殖时机，最好吃的时令乃在怀秋卵的盛夏季节。此时杂色蛤仔的净肉重达三成，比其他季节高出近一成，味道和质感也最好。精明的日本食肆，会萃取繁殖期花蛤的汤汁，做各种汤菜的提鲜剂。

花蛤美味，营养含量在贝类里偏低。但有多少人是冲着营养而不是味道点菜呢？

花蛤食法以炒最常见。葱姜蒜为佐，酱油托味，有九层塔提味、红辣椒配色，就更出彩了。花蛤壳薄，热锅猛火，壳口稍开，迅即上盘。手脚慢了，壳肉分离，口感也差了。

炒花蛤的盘底汤，乃一盘精华，味道浓醇，气味清鲜，用来泡饭滋味很妙。不怕你笑话，我在家吃炒花蛤，压轴节目是品味开水稀释的盘底蛤汁。

花蛤与丝瓜或角瓜烧汤，是暑天绝味。瓜类植物的野气与甘甜，融入花蛤微带臭腥的清鲜，滋味悠长。

花蛤如今也有热辣吃法，比如水煮三鲜——麻辣花蛤白虾鱿鱼。在被辣椒、花椒浸透式轰炸过的味蕾上，花蛤依然能把自己的味道顽强地呈现出来。

2017年夏天，我和儿子去日本寻味。在一家小饭馆，点熟悉的煮花蛤，看日本厨人如何处置。

厨师把它放在平底锅清煮了，置一片青芹叶配色，端上桌，放入一块黄油，让它慢慢在热汤里融化。花蛤凉口的清鲜，融入柔美的奶油香，香气仿佛能从鼻道里穿出来。儿子说，这是改造后的欧洲做法。

很奇怪，这盘花蛤好些中部都有一处凹痕，好像齐齐遇到了垂直障碍。

海鲜行家陈鹰说有这个可能。理论上说每平方米只宜四十个以内花蛤生存，但在肥沃的地方，它们会叠罗汉。前些年两个莆田人在广西防城港发现一条花蛤"立体矿脉"，十几条船六七个月才挖完，发了大财。

青岛朋友、作家盛文强发来他吃的辣炒花蛤。

料理花蛤，不可忽略的第一点是挑死蛤。一个死蛤，臭了一锅汤。

渔农、老鱼贩子用手翻过一大盘花蛤，凭声响就可甄别一腔沙泥的死蛤。

第二点是去沙。简单方法是养在咸水里，滴几滴油，让它把沙慢慢吐出来。

"要快呢？"

准备两个盆，把花蛤放入一个盆内加适量的水。把另一个盆盖上，快速抖动数十秒，如此数次，会吐得相当彻底。有人说，放一根铁钉于花蛤盆中，效果更好，原因是加快了震动频率。

花跳：滩涂上的潇洒公子

花跳

大弹涂鱼

　　大弹涂鱼，学名*Boleophthalmus pectinirostris*，虾虎鱼目背眼虾虎鱼科大弹涂鱼属，俗名还有星点弹涂鱼、泥牛、泥猴、花鱼、弹胡、阑胡、花身娘仔、弄潮鱼、超鱼、江犬、吹沙、泥鱼、海狗、土条、空锵等。弹涂鱼（*Periophthalmus modestus*），俗称小弹涂鱼、广东弹涂鱼，同科弹涂鱼属鱼类。青弹涂鱼（*Scartelaos histophorus*），同科青弹涂鱼属鱼类，俗名长腰海狗。

花跳，是大弹涂鱼科里的阔少。大眼睛高突于头顶，像缀着两粒豆，憨憨地咧着张成一字的大嘴，在泥滩上靠两支胸鳍交替拨动，晃头摆尾扭行，下颌顺势左右扫食，吃相很滑稽。福州人早先称它江犬，又因为"登物捷若猴然，故名泥猴"（《闽中海错疏》），还有地方称之为泥鱼、海狗，浙南一带叫它阑胡。

　　闽南人一般称它花跳，龙海渔民叫它空锵——脑壳暴凸一对大眼，成天有事没事地跳耍啊！

一

　　早年，退潮后，厦门湾海岸袒露出广阔的滩涂。能在滩涂上旁若无鱼地弹跳戏耍的主儿，只有花跳。它们腾身跳进涂中，凭借胸鳍和尾柄的力量，在滩涂、岩石上爬行跃跳，甚至攀到红树碧叶密密簇生的枝梢捕食昆虫。

　　俗话说，鱼儿离不开水，但肺鱼能在无水环境用鳔呼吸，跳跳鱼还未修成这本事，它用腮边水口袋包含氧气，皮肤、口腔黏膜和尾巴上的微血管也能呼吸，不过隔段时间，还是要到水里滚滚泥浆润润身。

　　尽管如此，一条花跳，已经形象地诠释了动物从海洋到两栖历程中一节华美的乐段。

　　花跳傲视群鱼的不止于此。在西北太平洋鱼类时装比赛中，花跳是当仁不让的冠军：通体蓝灰，只有腹部浅白，第一背鳍深蓝色，第二背鳍灰蓝色，腹鳍浅黄色，尾鳍灰黑色；头部、体侧和鳍翅，零星分布着亮蓝斑点。

　　它的第一背鳍颇高，五根鳍棘扯开了布满亮蓝斑点的弧形鳍翅，极为华丽。原来应该像部落酋长那样，弧形鳍翅作为头上插羽或者王冠，但为了时髦，被推到颈部，成了短斗篷。

盛装的大弹涂鱼。它在鱼缸里饿瘦了，全然没有富家公子的雍容富贵，更没有早年与我交手的矫健灵活。

（张继灵 供图）

第二背鳍是短弧鳍条，一直伸展到几乎和尾鳍相接，算是长燕尾服。

尾鳍也很华丽，鳍条间同样是线状排列的亮蓝斑点。

最后，它的胸鳍变成吸盘状，成为花式领结啦。

从春末到秋天，雄花跳用这样的装束跳摇摆舞。弯着身子，尾巴一甩地，砰的一下跃出逾尺。精彩的是腾跃侧翻——高过体长而不惧跌打损伤，如果在场淑女众多，跳跃就更频繁了。

说白了，这是雄弹涂鱼通用的求偶表演。

某位相亲者有意思了，会唰唰唰爬过来，同样展开华丽的背鳍，睁眼仔细看他。

如果相亲者犹豫，雄鱼蓝斑闪亮，反复钻入钻出洞穴，动作有些滑稽，意愿是热切明白的："请跟我来！请跟我来！"

雌鱼来电了，尾随入洞但先察看婚房，一旦认可，雄鱼迅疾用泥团堵上入口，两者共度甜蜜时光。完事后，雌鱼就开溜，把后事甩给男方。此后，雄鱼必须保护黏着于产卵室壁上的上万个鱼卵，承担各种育婴家务。从择偶到护卵再到育儿的方式，花跳是女权优先的族群。

二

潮间带的花跳，是赤手而渔的我们最常捕获的鱼类。

花跳渔法有八：一是泉州"蟳埔阿姨"手挖法，二是掘法，三是灯照法，四是钓法，五是钩法，六是陷阱法，七是纸蒙法，八是整个筼筜港仅有我们两三个人懂的独家战法。

花跳在底质为烂泥的泥滩钻洞穴居，洞穴为双孔的Y字形，"前门"供进出，"后门"使水、空气流通。竖孔道也有侧洞以栖身避敌，兼做婚房和产房。外婆她们常到多花跳孔穴的泥沼，以手掌为锄，沿正孔挖下，穷追不舍，甚至挖尺把深，把鱼逮住。

掘法大致相同，用轻巧海锄头代替手，不怕穴深和蛎壳伤手。

灯照法是春夏月夜，在它们的活动地带像照泥鳅一样，用手电筒突然照射，鱼眼花了，就擒。

钓法是旱钓。钓花跳的人持一根细软竹竿远远站定，抛出四岔刺钓钩在花跳眼前拉动，花跳或许也知道这是"阳谋"，但仍疑惑那明晃晃的钓钩是何新鲜事物，慢慢靠近，猛然扑钩，上钓。

荆铭兄说，他还见识过惠安师傅的功夫：手持六尺高钓竿，站定盯准，嗖的一声，飙出缀着铅块的八面钩，将花跳钩过来，稳、准、狠，神术也——这是钩法，有的地方称之为荡钩。《舌尖上的中国》就展示了浙江善操

大弹涂鱼为了更有力地跳跃，把尾鳍都合并起来了。

（张伟伦　供图）

《海错图》里画的竹筒陷阱法。聂璜调侃跳鱼：尔质善遁，尔遁反踬；入我彀中，怒目而视。

此术者的功夫，与闽南稍异的是，施术者是把钩抛到鱼身附近，再拉扯过来。

陷阱法比较阴险，把专门制作的竹筒或者小竹篓，预先插入多花跳的泥沼，直线排开，然后来回巡视。花跳见人来，寻洞就钻，常常就钻入陷阱。

清代浙南象山诗人姚燮写了当地渔民乘海马（木制滑具，也叫泥马、涂跳）布竹筒捕"阑胡"（即花跳）的渔歌："膝骑海马似飞凫，截竹为筒插满涂。初八廿三逢小水，好研乌糯煮阑胡。"

奸巧的是纸蒙法。捉鱼人慢慢在滩涂上走，花跳见到后寻洞钻入，他遂照着一个个鱼洞，贴上一张张巴掌大小的竹浆毛边纸。一路过去，泥滩上撒了一片"纸钱"。花跳听着脚步声远去，爬出洞来，不料那竹纸打湿后愈加柔韧，蒙着鱼头，好像喜巾罩新娘。花跳好不容易挣破了，露出头眼，纸张还卡着鱼鳍，于是花跳胡乱打滚。捉鱼人折返过来，一条条捡入鱼篓。

我们用的是简单的恐吓法。

潮水漫涨的时候，尤其热天中午，在泥涂上觅食半天的花跳，腾挪欢跃累了，到港边迎潮：用胸鳍支身企望的，鼓鳍雀跃的，下水扑腾几下打个滚又上去晒日光浴的……

我们会先选一条久未行猎的港汊，等潮水涨起来，潜身水里，只露半个头，慢慢靠近花跳群集的地带，突然一团泥一团泥地砸到水边，激起一柱柱水花，然后哗哗哗鼓水上坪。

花跳吓呆了，醒悟过来，急忙找个脚印、洞穴、泥沼隐身。弄潮儿逐个搜捕，有的匍匐在脚印里束手就擒，有的隐身浅泥汤，露出一个眼睛转动着看你……

有些大弹涂鱼以放肆的摇摆舞迎接新潮水。

（张伟伦　供图）

我捉过的最大花跳，有六七寸长，一两多重，现在查看资料，这就是花跳个头的上限了。

这么大的花跳，舍不得用来煮酱油水。母亲选几条，加点黄酒、枸杞，或者就加姜片，隔水炖，孝敬奶奶。有一次花跳多，都不大，父亲说，就用泥鳅钻豆腐的办法做吧。效果相近，头一拔，骨头也跟着出来了，鱼肉豆腐和汤的清香，都远胜泥鳅豆腐。

闽南最钟爱花跳的，数晋江人。那里有风俗，孩儿要学走路了，父母便拿最善腾跃的花跳炖姜片来滋补，道理如厦门人用顽猛的蟳虎一般。

漳州海边人眼光不同，他们说，"花跳跳三跳，新妇空骸翘"。空骸翘，在闽南话里是仰卧的意思。跳跃式陈述隐去了核心情节，却戏谑了花跳的助阳之力。

郭柏苍《海错百一录》里，保留了百多年前福州的吃法："先用汤煮，以净水去其鳍鬣垢腻。姜、豉、笋丝作汤。""腹有黄子尤胜"，黄子，就是鱼春。

无论用哪种方法煮，海边人一例不将它开膛破肚，就爱它内脏的苦甘余味。

厦门常见的跳跳鱼中还有一种弹涂鱼，俗称"瘦跳"，土灰底色上有黑斑，体形瘦长，是外婆她们的主要掘捕对象。瘦跳羸弱如老叟，闽东人叫它"弹跳舅"，应该是大青弹涂鱼。

还有一种短肥而有白斑者，喜欢吸附在岸边觅求污秽，厦门人称它"狗屎跳"，闽东人认定它是"弹跳伯"，其实不属弹涂鱼家族。

举中国之最热爱跳鱼者，莫过于湛江人，两三种跳跳鱼之外，长条圆柔的多种鰕虎鱼也进入跳鱼行列：明跳、巴路跳、红跳、骨跳、粉跳、猫公跳、花心跳、沙路跳、泥坳跳……一例以炖汤、干煎、椒盐等伺候。而浑身血红、形象差异很大的孔鰕虎鱼——闽南人称之为

身上有白斑的"狗屎跳"，长相与花跳相似，却是鰕虎鱼科另一属鱼类。

"赤九"，被称为红跳，功效也如闽南人所说，能补血，常流鼻血的孩子要多吃云云。

这些真假弹涂鱼，简直专以阴暗猥琐或狗苟蝇营，来陪衬畅崽（闽南话，贪玩而不计功利之人）般华贵、潇洒、狡黠又有些傻气的花跳。它们很现实，终日在泥里觅食，在岸边吞噬肮脏的屑末，不躁动，不追求时髦，没有激情表演，更没有豪放的气概，我们也懒得捉。只有那些闲得发腻的孩子，会去扑它们，捕到也不吃——老人说，吃了卵脬（闽南话里是阴囊的意思）会发肿，只能喂鸭。

二十年前去闽东参观。花跳幼苗在拦网围起来的海滩，或在三分泥滩七分水的养殖池里，经半年多养殖，就可以出售。

除了施放米糠、猪牛鸡粪，有的养殖户还往养殖网内频泼粪便。虽然知道那是培养底栖藻类供花跳食用，心中仍不免隐痛：我的朋友，你竟然沦落到这等地步啊！

自此不吃这种鱼。

后来认识行家——宁德市霞浦县水产技术推广站站长叶启旺，他的花跳养殖技术研究属国际领先水平，闽东因而成为国内主要的花跳养殖基地。叶启旺说，过去用"天然饲料"养殖，容易致病，近年已改用米糠或尿素培养藻类供它食用了。

闻此心中稍安，毕竟在艰难的饥馑岁月，它有恩于我啊。

进入酒楼的花跳，在商业射灯下呈现迷幻的色彩。

在大弹涂鱼模式产地广州，画工绘的"花鱼"，比较聂璜的稚萌风，后者接近生物标本，但眼睛太小。

（《中国海鱼图解》）

夜旦發視之騈首
走如激射覆地一
中跳擲無已間宗挺
目突出聚千百盎
上點如星
彈塗頭
魚志稱
俗呼跳
胡鬫

清赵之谦《异鱼图》中的跳跳鱼。"鬫胡。俗呼跳鱼，志称弹涂。头上点如星，目突出，聚千百盎中，跳掷无已，间亦挺走如激射。覆地一夜，旦发视之，骈首共北。修炼家忌之同水厌。"厌，是厌胜物（或称避邪物、幸运物）的略称。他画的应是小青弹涂鱼，即闽东人说的"棺材钉"，但也尖瘦得不可思议，看来是为了证明它有术士说的魔魅之力。

黄翅:
最常见的变性名鱼

黄

翅

黄鳍鲷

黄鳍鲷,学名*Acanthopagruslatus*,鲷形目鲷科棘鲷属,俗名还有赤翅、黄墙、黄脚立、黄稿、黄翼、黄蛱等。乌翅有多种,中文名黑鲷、黑棘鲷、黑鳍棘鲷等,同为棘鲷属鱼类。

如果让"老厦门"票决"最喜欢的鱼",黄翅会高票当选,它是河口鱼的招牌。老厦门侃食经:"入冬前吃黄翅,入冬后吃乌翅。"

鲷科鱼,味道都鲜美。它们多生息于河口,日常运动量不大,鱼肉洁白、味道鲜美。黄翅是其中佼佼者,肉质比鲷科大佬嘉腊细腻,又几乎没有腥味,自然是老厦门最爱。

老厦门不时会踱到市场,精心选两三条,慢火煎到深黄微焦,加开水做奶白色汤,或煮豆油水,或下面线,给小孙子、老父母开胃,给病人滋补,一般舍不得像赤鯮、魬仔那样,煎一盘做菜——这是黄翅啊。

要是夜潮,须傍晚趁暮色骑自行车去。到海堤边,找一处灌木茂盛的草丛避露水,铺平水泥袋、纸片或麻袋,盖上衣服就睡。野外多的是蚊子,大的草蚊,小的黑纱仔如芥子,千千万万只总有半斤,密密麻麻地罩着你。身体露出的地方,抹足汽油、柴油驱逐它们。它们就往抹不了油的鼻孔钻。一夜人蚊相斗,似睡非睡。

我家早年的邻居老柯,是钓鱼高手。因为从国外回来,"文革"初被批斗,后来被当作"人民内部矛盾"处理。

老柯依然无权去上班,于是偷偷跑去钓鱼。我们这些毛头跟着他,兴起了钓鱼热。最经常做的,是去杏林湾钓黄翅。

厦门海堤跨海截出了杏林湾水库,涨潮时,高位海水会从通海闸倾泻而进,带来大量氧气和食饵,鱼虾蟹来赶潮。我们钟爱的黄翅,这时密度要比外海高几十倍呢。

日本人对黄翅显然比较陌生。18 世纪日本博物画家栗本丹洲在《鱼谱》里绘记姬鲷，标为黄穑鱼，即黄翅。附注说，福州府志云鬣为黄色。结果是对错名字了。但这种较真，令日本海洋科学进步迅速。

一旦潮水哗哗地倾泻进来，鱼虾开始在激流上狂蹦猛跳。人人来了精神，起身甩竿开钓，全神贯注，任由蚊子绕身围攻。

至于钓具，除了老柯的是日本式车仔钓，其他都是自制的鱼竿。用石竹、葫芦竹竿绑上钓线，挂上铅坠。钓线有尼龙丝就很好了，有人只能用二胡弦。

这等劣质装备，碰上好潮水，谁也能钓个二三十尾。

除了黄翅、乌翅、芳头仔、青蟹、红虾，偶尔还有广盐性的非洲鲫。钓到潮水停泄，收竿，骑行二十公里回家，把鱼交给母亲，倒头便睡，傍晚再出发。

这是春天靠岸来搞事的黄翅，又在鱼排边补营养，特别腴肥。
（康俊峰　供图）

很多鱼类都会变性，黄翅是我们最经常接触的变性鱼。当年钓黄翅、乌翅、芳头之类的鲷鱼，不知道它们属顺序型变性鱼种，自小两性生殖器官皆备，成熟了先扮演两次雄鱼；到第三次生育活动，一半"转阴"；另一半到第四个生殖季再转。

我至今没研究，变性——雄性激素多些抑或脂粉气浓些，对黄翅的味有多少影响。即使转来变去，在老厦门眼里，黄翅以"鲜美"领衔群鱼也是无可置疑的。

中文里这个"性"字太好用，也太难用了。"海洋性生物""经济性鱼类""个性"之类的还好办，碰上"一次性交易""商业性伙伴关系"，该怎么解读？别的字可以马虎，这个使用很频繁的字，用错了"性质"就很严重。我以为应该另外发明一个字，来区别性质与性别——这是脱题太远的话了。

物面キタヒ
對馬、前色、奇
アカナウタヒ
玉ムジノ色蒲本ノ如ク
備中ニタヒノ色黄金色赤ノ鯛ト云

日東魚譜ノハナキレタイハ
此者三ナラン參玫堀田桜州侯ニ
此說ヲ以テ此圖ヲ示ススコノ明鑒ヲ
乞ニ黄𥝢魚ハ比モノニシテハナヲレ
タイ又ハナキレタイナルヘク
又方頭魚ハアマタヒニ
克ルヲ穏當ナリトセン
キタヒオヲタヒ担鱗鳶言ノ

三𥝢圖會黄𥝢魚形色似鯛而色淺鼻直而如折故名
鼻折鯛味劣於真鯛
長崎ハナヲレタモハナキレタヒ大ハナタヒ長崎
形タヒニ似テ短ク小目大ニシテ赤ク額上廣ク厚クレテ高起リハナノ
カシラネク額ム魚紛染ナリ其ヒレ津紅背鱇及ヒ尾黄紅ナリ
大抵五六寸大キナル者一尺許故ニ示大㐩小㐩ヲ呼フアマクナリ
味淡ク性輕レ

日本博物学家把黄翅与邻近种
类比较，这黄翅（上部）竟然
也额头高隆，近似以变性出名
的隆头鱼。
（奥仓辰行《水族四帖》）

大和本草黄穡魚ト云モノハ
是ナリヤ閩書出又州漳州
府志曰署似奇鬣魚身小而薄シ
其尾淡黄性カロシ無毒ト云此魚ノ
手小鯛ニテ身ニ三條ノ黄紋斜ニアリ
尾黄ナルモノアリ又如圖点アルモノアリ
又淡紅ニテ黄偽
ハナヲアリ左圖ノ如シ
アマダヒニ元ツハ不可
ナリコ二圖スルモノノ鼻上
ヨリ頭半株アリ
高ノ起ハ
栗本三洲タイ眼上
三殿ニ而クルカ如レ
同水戸越中
方言ミユ
故ノ名
小タイト云

對馬ア動ハナコダヒ額上ニ隆起アリ其処色青形長ク尾ノ方細シ
三折鯛ニシ
藝矣ハナヲレ
パシレ口西国細ニラトル火廿七八寸
食癖コフタイ其頭骨隆起如瘤石見人謂之パンレ口一名クシチ一名
コロコロ鯛味淡産婦食之無害
味マタヒヨリ軽ク又マシヒヨリ腥ヤスシタベふ
寒中貯頃マタハ晶ナラハハナヲレハ
二日位ナリ
スッキヤトモフコノ如シ

食癖臭折鯛
身扁色赤頭
上塾凹

常见的鲷科鱼类，从嘉腊、黄翅、乌翅、芳头、黑包公到鲂仔、赤鲸，现在都可以养殖了。

野生和养殖的黄翅，价格相差两倍以上，买错了很冤。而即使是野生黄翅，因生活环境不同，外观和品质差异也很大。

野生外海黄翅和养殖黄翅的外观有区别。

野生者，体形比较狭长，吻部尖长凸出，尾鳍开叉大，体色干净；最直观的特征是胸鳍宽，并且长过肛门——记住这个标志！另外，腹鳍、臀鳍和尾鳍的下部，明黄灿亮。你还可以验看牙口，它啃啮藤壶贝类，一口龅牙乱糟糟。

而养殖的黄翅，嘴巴圆短些，体色比较混浊，鳍色甚至发红，尤其是胸鳍比较圆短，背鳍细弱，尾鳍开叉小，鳍页圆平。

内湾黄翅，体形介于两者之间。

野生外海黄翅一年大概就长一二两重，海钓人称它"神仔"。两岁的称"过冬仔"，大约四两。养殖的黄翅一

高仿黄翅的体形、嘴形、背鳍都接近野生。但运动不足，胸鳍不发达，尾柄太宽。

金汤黄翅鱼。
（侯佩珊　供图）

年就能长到八两左右。这样的生长速度和饵食差异造就
的质味差别，当然很大了。

现在有了"高仿养殖技术"：挑选水深流急的海域，
把养大的黄翅放到那里的大网箱里驯养两三个月，售卖
前半个月再断食，让它耗油，外形和味道就逼近野生了，
一般人识别不出。

有人以肚油的多寡来判断养殖或野生，一般也准。
但农历九月到十月，野生黄翅准备生殖，紫菜出芽，虾
子正肥，素菜荤食都很丰足，它会吃得一肚子板油呢。

老渔商沙茂林讲得更精细：煮熟后，野生黄翅冒
出的鱼油珠子是白色的，而养殖的，鱼油珠子白里透出
嫩青。

他说，高仿黄翅，在另一种情况下也容易识别：隔
天加热时，会有淡淡的土味——其实是饲料味道冒出
来了。

鲥鱼：
美人缘何叹迟暮

鲥

鱼

短鲦

　　我国沿海的鲥鱼有两种：鲥，又名长鲦，学名
Ilisha elongata；短鲦，又名印度鲦、黑口鲦，学名*Ilisha
melastoma*。均为辐鳍鱼纲鲱形目锯腹鲦科鲦属。俗名曹
白、白鱼、白鲦、白鲂、历鱼、肋鱼、白力、白鳞、何罗
鱼、春鱼、鲞鱼、火鲦鱼、历扁、网扁、火鳞酋、吐目。

鲥鱼全身披银白薄圆鳞，背脊是一抹绿青，唯有橙黄色尾鳍的末端镶黑。一眼看去，银光雪映，一片明净。

至于鲥鱼之得名，聂璜在《海错图》中说，"腹下之骨如锯可勒，故名"。准确地说，它腹下缘并非骨头，乃锯齿状棱棘也。

鲥鱼曾是厦门湾餐桌主角之一，老人清楚内海鲥与外海鲥之别。

内海鲥鱼身体延长，体形像鲥鱼一样上下对称端正，鳞色金黄，头背、吻端、背鳍和尾鳍的边缘镶着黑边，中文名叫长鲥。

外海鲥鱼眼大，东海渔民称它圆眼仔、孔仔，中文名为短鲥。短吻曲翘，腹部圆弧似杀猪刀，体表银白如铮亮的刀片，尾叉开裂大，口缘、体背和尾鳍边抹着暗绿。

一般主妇还是把它们统称为鲥鱼，小名也一样，白鲥啊白鳞啊……也许以为它们只是肥瘦或雌雄之异。

海边人知道，短鲥最大仅一斤，油多香醇。而长鲥要两三斤才好吃。

短鲥生息于东海以南的温暖海域，长鲥则遍生于中国沿海。

郭柏苍《海错百一录》记述了鲥鱼在福建的汛期，"出于春末，至暑渐灭"。

闽海水温升高时，外海鲥鱼向内海靠近，内海鲥鱼也由深水升上浅水，开始索饵与生殖洄游。有时它们泛游在大黄鱼群外围，渔民戏称其为"银包金"。

"苦瓜上市鲥鱼肥"，四月苦瓜登场，市场上就能见早到的鲥鱼。

"六月鲥，肥过贼"，芒种至小暑，划分厦门湾与大洋的大小金门等岛群礁线，是它们在东海的主要产卵场之一，一队队鼓腹的鲥鱼，急切地寻觅生殖地，形成了初

长鳓，上者雌鱼，下者雄鱼。

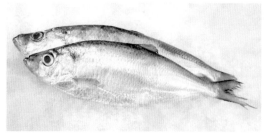
短鳓。

夏鱼汛。

"早稻黄，鳓鱼游上坪"，坪，是渔民对浅海的称呼。金门讨海人说，六七十年前有个夏天，有人一网捞到三十多担两尺来长的大鳓，等于从海底捞起了一座厝！

产卵后，它们分散觅食，将养产后虚弱的身子，返回暖水域越冬。不过，厦门冬天也能捕到鳓鱼，那是像许多厦门人一样恋家乡、不远游的长鳓。

在厦门，鳓鱼，尤其是内海鳓鱼，乃上等食鱼，味之鲜美，肉之细嫩，为其他鱼所难及——鲱形目鱼类大多如此。

我和曾厝垵九旬老渔民曾华荣聊天，他说吃鱼经验：骨尖硬的肉好吃，骨酥松的味香，皮粗韧的肉嫩……

我补充说："刺多的味鲜，就像鳓鱼、斑鰶、凤尾鱼之类。"老人拊掌大笑。

鳓鱼滋味鲜美，近似鲥鱼。它们与体形更小的鰶鱼——斑鰶、花鰶等，从形体、多肌间刺到味道都很像，是鲱形目里的一个小分支。

170

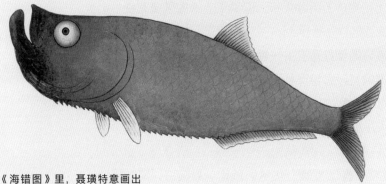

鲚魚考粲苑云腹下之骨如鋸可
勒故名出與石首同時海人以冰
養之謂之冰鮮宇彙不解但曰鲚
燕闌身志供載松此魚腹下有利
骨如刀頭上有離骨湊之鵝身若翅若
頸若足並有離骨湊之籤然一鵝
兒童多取此為戲其背昂其領厚
白甲如銀而背微青内多細骨
凡鹹魚糜卌則雜食獺獅養燖醉
以糜卌為妙然闌地峻甚膜不耐
久藏溫台次之杭紹人次之姑蘇
不逞味尤勝戕歷南北而食此定
能辨蘭

鲚魚賛
腹下有刀頭有鶻
有鶻雜捨有刀靶劉

《海错图》里，聂璜特意画出
了短鳔翘曲的吻部、圆眼和腹
下的锯齿状棱棘，却把这银光
雪亮的生灵画得粗黑，魂灵全
飞散了。

《中国海鱼图解》画了另一款
鲚鱼，标名为坑曹白，背鳍后
部有一长鳍丝，它应是鲚鱼近
亲鲦类。

《琼府志》说："相传鲥乃曹白所变，在海为曹白，在江为鲥。曹白于春，鲥于夏，其味皆美。"

梁实秋在青岛住了四年，嗜食海鲜。有一天买了条鲥鱼，家人欢欢喜喜地吃了好几餐，大为赞美。后来有人考证，他买的其实是大白鳞，即鳓鱼。

说来也不算错。鳓鱼也是夏至的黄渤海名味。那里的风雅人士把鳓鱼的脂芳美味，借满架流垂的紫藤花变成一个诗性意象——藤香。

在南方，鳓鱼遭遇了另一种审美。广府人嗜好霉曹白，即发酵鳓鱼，它与霉香鲳鱼、臭鳜鱼都是鱼类中化腐朽为神奇的典范，乃"臭"名远扬的名品。

闽南人还没将它变化到那地步，只以他味如"菜脯"（萝卜干）协调之。

"鳓鱼煮菜脯"，是厦门名味。闽南老饕嘴刁，菜脯必须是漳州浦南的，鳓鱼要公的，方成绝配，所谓"菜脯香、鳓鱼公"是也。这乡土时羞诱惑力如何？"鳓鱼煮菜脯"的下句是，"好吃不分某（闽南话，老婆）"。

"鳓鱼煮菜脯"乃全方位的和谐艺术。鳓鱼与菜脯合煮，菜脯充分吸收了鳓鱼的鲜味，又渗出植物干品的香醇。两者混合后成为味骨，支撑起层次丰富的滋味空间。

这个空间里，包容了多对矛盾：鱼皮白、菜脯黄、汤汁幽亮有着色彩的比较；鱼的鲜嫩、汤汁的鲜甜与萝卜干的香醇是味道交锋；鱼肉的柔腻、菜脯的韧脆、汤汁的顺滑，又是一组质感的对照。多种元素，多重矛盾，交互见功，合成妙味，让你去细细分辨、慢慢品尝——所谓"不同而和，和而不同"是也。

人生的许多事情也这样。譬如婚姻，找一个和自己完全相同的，等于和自己结婚，有什么意思？找一个完全不同的，没有共同的价值观，不是同床异梦，也是鸡同鸭讲，有什么意思？烹调之道，有如处世。

领导者和被领导者的关系也如此，《晏子春秋》说："所谓和者，君甘则臣酸，君淡则臣咸。"鼓励异见、兼容互补，丰富了思想，然后从纷繁的意见中探求趋近真理的共识——烹调其实与政治智慧同道。中国最古老的饮食经典《吕氏春秋·本味》，就是厨师兼宰相伊尹以烹调和美味影射的商汤王政论，用最直观的方式讲述深奥的为政哲理。

三

鳓鱼煮刺瓜——黄瓜，也是初夏厦门人喜爱的佳肴。煎过的鳓鱼，蛋白质凝固，加入酥烂而略有酸味的土种刺瓜，熬白出香，两者相互陪衬，十分出味。

另一种食法有点可惜了它清丽的本味：鳓鱼每侧斜拉数刀，切段，用黑醋和酱油浸泡半天，取出置干；热锅爆姜，将它们稍微煎过，连泡汁倒入陶锅，嫩火慢焖，出锅前放下葱蒜段。老厦门人冯鹭说，很好吃，小刺——生物学术语叫肌间刺，都酥了。

闽南老饕清蒸鳓鱼，像料理鲥鱼一样，不去鳞。鳞皮之间的油脂，十分香鲜。薄滑的鱼鳞也像鲥鱼鳞一样可以吃下，它们也是蛋白质，含有能增强记忆力的胆碱，还有多种不饱和脂肪酸，对防治动脉硬化、高血压、心脏病都有助益。

广东人有一种蒸法，是咸梅子浸开后塞入鱼嘴，余汁淋鱼身，上锅清蒸，咸梅与鳓鱼的味道也成反差，风味更为雅致深长，名副其实地践行了以盐、梅燮理主材的古老调味之术。

金门鱼友们说，夏天的肥鳓鱼，一条七八斤，放冷了不敢吃——太油腻了，必得趁热饕餮。妙法是煮干菜，白菜、芥菜或金针菜干品，都可吸油而赋香，你出我入，

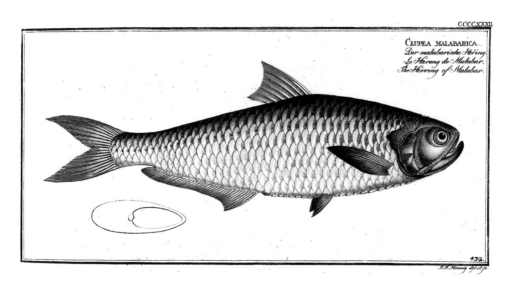

CCCCXXXII

CLUPEA MALABARICA.
Der malabarische Häring.
Le Hareng de Malabar.
The Herring of Malabar.

18 世纪德国鱼类学家马库斯·布洛赫所绘的鲻鱼标本。
(《德国鱼类经济自然史》)

相互渗透,皆大欢喜。

但是鲻鱼刺多而细密、尖利,不是老海边人、老吃货,都怕卡刺而不敢尝试。

吃鲻鱼——包括之前提到的几种多刺的鱼,是有窍门的。窍门,就是从头往尾顺着骨刺伸展的方向吃,从背部吃起。

近年我逛鱼市,发现过去稀罕的鲻鱼,常被冷落,身价也不高。

问鱼贩是何故?答曰,顾客不爱买。

为何不爱买?刺多,大人小孩都怕吃。

价值和价格经常不一致。决定价格的,不只是供求关系,还有消费习惯——这是经济学老话。现在决定消费的,是嗜好肯德基、麦当劳之类大块鸡排、软食快餐或者劲辣重味的新生代,他们的味蕾已经洋化、异化。闽南传统审味标准,不再被推崇,这是文化的悲哀。

斑鰶（下）、鳓鱼（上）与很多鲱形目鱼类，鲜美而多刺，都被今人冷落。在 2023 年春天的厦门市场，它们的身价不过一二十元。

美味的鳓鱼，竟沦落到美人迟暮的境地！我心戚戚。

鳓鱼有前科。《海错百一录》记载了一件事："莆田林氏，以其祖先鲠死，岁取白鳓数尾陈于神前，木棍捣醢之。"就是说，因祖先被鳓鱼卡刺而死，祭祖的节目就是将它捣为鱼泥以报仇。

漳浦人陈梦林在其编撰的台湾《诸罗县志》里就感叹了世人的过分，鳓鱼"类鲥鱼，身扁薄。味清而芳，鲜次于鲥鱼。以多刺人不见重。甚矣！世之好浓厚而恶淡薄、好软脆而恶骨鲠也"。

爱酥脆而厌多刺，好甘肥而不识清芬，常情也，自古、迄今、往后。鳓鱼若想博人欢心，只能少长刺，可惜美味与多刺常一体双面，不可分也。

我在市场见到那眼睛深陷、玉体瘫软的鳓鱼，有时权当捡漏，几块钱买回来腌做霉香鱼。但捡得完吗？

龙头鱼：
被盗走的状元帽

龙头鱼

龙头鱼，学名*Harpadon nehereus*，又称印度镰齿鱼，合齿鱼科镰齿鱼属，俗名水潺、虾潺、东海小白龙、丝丁鱼、火管、龙头鲓、殿鱼、佃鱼、水晶鱼、鑯、蛇鱼、细血、豆腐鱼、鼻涕鱼、流鼻鱼、狗奶、九肚鱼、狗吐鱼、啫喱鱼等。

厦门老阿嬷如果听说丝丁鱼大号叫龙头鱼，一定笑弯了腰。缓过气来，说两句闽南歇后语：胸坎前贴薄饼皮——假勇，苍蝇戴龙眼干壳——空憨。

前一句的意思是，裸胸上贴一张白生生的春卷皮，便自以为剽悍的清军兵勇。

后一句说，苍蝇顶着桂圆大壳子以为能吓唬人，实乃"傻帽"。

确实，除了大口里几排细小、尖利的牙齿，它就有一条松松垮垮的脊骨，几丝细软如须的小刺，打架都不行，龙个什么头！

东海渔民的古早传说里，它真是龙种，浙江舟山一带就称它小白龙。后来龙胤渐失，变成狗母鲅仔一般。有一回冒犯龙王，罚它脱去甲胄，现出一身白皙、干净的肉，只腰下留几抹细微的鳞片，权予遮羞。

那么赤裸，明摆着是让人去鱼肉嘛。

浙北和上海，见它头形略似龙首，怜惜它，称它为龙头。

其他地方的名字，就多有轻慢了：豆腐鱼、狗吐鱼等。温州、台州一带叫它水蝹，说它绵软如水。这是从古名"鲞"衍化来的。明朝松江人冯时可《雨航杂录》说，"海上人目人弱者，曰鲞"，它确乎太水、太孱了，连大名鲞、蝹如今也都被讹传为潺了。

从通行闽南话的温州平阳、苍南进入毗连的福建，水潺被同为闽南人后代的闽东福鼎沙埕、霞浦三沙渔民改称为水定，到福州地界叫新鲣，到了闽南、潮汕直至陆丰，音变为丝丁、定鱼。潮汕有好事者将"定鱼"硬译成普通话，变成了"硬鱼"，它于是多了个欺人之罪，明明那么绵软羸弱的东西嘛！

例外的是泉州和台湾，竟称它"那哥"——和潮汕人对狗母鲅仔的称呼混同了，想来是知道它前生的样

此魚寶永四年九月相州江島抹之大如圖當時之人謂之志也知保古即
獻江城稻生氏曰是時珍食物本艸所載龍頭魚是也平

日本江户时代博物学家后藤梨春（1696—1771）和中国水族绘画第一人聂璜是同时代人，其《随観写真》画的龙头鱼，真是龙族胤嗣啊！题注把李时珍扯进去了："此鱼宝永四年九月相州江岛采之……献江城稻生氏曰，是时珍食物本草所载龙头鱼是也乎。"其实，李时珍和后藤梨春所绘的龙头鱼，形象都不对，应皆源于耳食。

龍頭魚產閩海巨口無鱗而白色
止一脊骨肉柔嫩多水亦名水澱
蓋水沫所結而成形者也雖略似
鱟狀然薰魚有子此魚無子食此
者投以沸湯即熟可咬

龍頭魚赞

爾本魚形曷以龍稱
只因口大遂得虛名

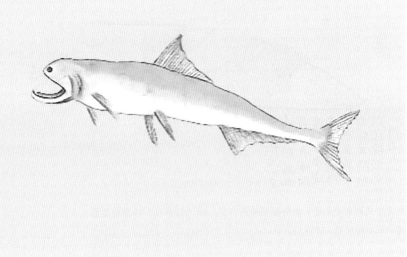

《海错图》里聂璜则干脆说它是"水沫所结而成形者也"。揶揄说,"尔本鱼形,曷以龙称,只因口大,遂得虚名"。

179

19 世纪初华南描绘的灰丁标本，记录俗名"狗吐"。(《中国海鱼图解》)

赵之谦《异鱼图》里，鳠鱼倒是神形皆备。那"竹夹鱼"作者说是鲽
类，形状像条鳎，神情如刺猬。

子。最难堪的是潮汕南边的惠来，把它写作"癞哥"。

到岭南，人们才又以其肉感定名，叫它绵鱼、鼻涕鱼、狗吐。广东西南的《香山县乡土志》称许它"作羹白如乳，汁滑如脂"，这粤语、黎语和闽南话混合之地的人们称之为"狗奶"。至湛江，它龙气回血，竟叫"捞牛"。

龙头鱼的分布广远，西太平洋到印度洋皆有，英文俗称它"孟买鸭"——龙头鱼干气味浓烈，英属印度的人把那气味和从孟买港一同运来的邮件（Bombay Daak）形成固定联结，叫成"Bombay duck"。

二

大自然物竞天择，龙头鱼弱而能存活，必有独特的生存智慧。

龙头鱼别无防身或猎食利器，唯有大口里上下颌的数行细牙，十分锋利。特别是门牙，成列内倒，猎物进去容易，之后就难于脱逃。

甚至舌头也布满锐刺，与舌头相对的腭部，也有两行尖牙。台湾学者看它满嘴镰刀状尖牙利齿，称之为镰齿鱼。我们说"帝国主义侵略者武装到牙齿"，龙头鱼武装之发达，不逊色于有六排牙齿备换的海洋帝国主义者鲨鱼。但是除了牙齿可以对付入口之食，它无力自卫，更遑论攻击。

还有呢，龙头鱼是出水烂，它在水底，透明如水。捕上来死了，体内的自溶酶就启动，所有生物皆然。唯它稀松得实在过分，又无甲胄防御微生物入侵，内外夹攻，很快就腐败了。过去保鲜乏术，只能腌以重盐，大量水分被吸出后，肥润的龙头鱼变成了烂布条。

硬鼻涕也罢，烂布条也罢，总之它不受待见。厦门

龙头鱼阔口，齿多，且细密而利锐。

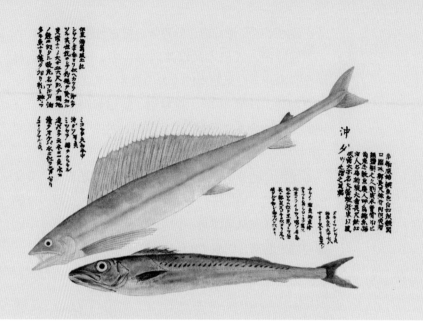

日本博物学家绘于18世纪中叶的鱼类标本图，上者为龙头鱼，画得相
当工整。图右侧引用中国文献附注："《南产志》：广人呼为绵鱼，福宁
人名为新蜒，大者长尺余，如灰管大，亦名火管蜒。浙东以风之，谓
之风蜅。"

（奥仓辰行《水族四帖》）

大嵛岛渔民，过去在渔网摘鱼见到，随手扔了，二十年
前才有人捡去喂猪。

　　风水轮流转，孱弱的龙头鱼碰上了大时代。

　　带鱼、大小黄花鱼、墨鱼这四大天王在中国海洋次
第式微，巴浪、鲳鱼、马鲛鱼坐上前几把交椅，龙头、
梅童甚至黄鲫这等低贱鱼类，也有了蓬勃繁衍的空间。

　　就舟山洞头区来说，龙头鱼产量原来微不足道，在
海洋捕捞产量统计里，连列项资格也没有。到2010年，
年产量高达八九千多吨，相当于往年全县的鱼产量，在

东海域资源里一度排名第一。我到浙南平阳，那里的渔老大说，龙头鱼如今是主力鱼种，从八月捕到翌年五月。

产量一多，又肥实于秋冬，几十年前，淡干或盐干龙头鱼风习大盛，草绳穿入嘴，风干了，称龙头鲓、龙头薨。后来冰鲜鱼市价高企，鲜吃都不够了，龙头鲓复归寂寞。

三

清代侯官人郭柏苍《海错百一录》说，"龙头鱼福州呼油筒。形如火管，无鳞而多油。海鱼之下品，食者耻之。腌市每斤十数文，贫人袖归"。连穷人买了，也要偷偷摸摸藏衣袖里怕丢人。

我很惊讶，明代屠本畯《闽中海错疏》称道它"水族风味，真上品也"。《海味索隐》干脆为它歌颂："丰若无肌，柔弱无骨，截之肪耶，尽之脂耶。乳沉雪山钵底，酥凝玉门关外，露滴仙盘掌中，其即若个之化身耶也？"用这样的排比歌颂，本就绵软的龙头鱼都会瘫趴贴地了。

谁知道过一个朝代，三四百年间，评价为何竟然判若云泥。

反复猜测，想应是郭柏苍犯困了，把它和鲭鱼混淆了。浙江到福州一带，鲭鱼的俗名也叫"油筒"。"贫人袖归"的应该是鲭鱼，估计龙头鱼当时连这资格也没有。

以体色尤其是鳍色来分，龙头鱼有红丁、白丁、黑丁三种。前两者产于多淡水的内湾，红丁肉结实好吃；白丁稀松软烂些，但是肉甜；而黑丁就枯瘦寡味了。

无论红丁、白丁、黑丁，秋天起都肥实，闽中的连江渔谚称道当令海鲜，"春鳗冬带重阳鋋"。这重阳节当令的"鋋"，就是龙头鱼。

闽南人从来宝爱龙头鱼，用它煮线面，敬奉老人，饲小团子，并不觉得丢人。

厦门的龙头鱼菜谱里，讨巧的做法还有，把龙头鱼在羼五香粉的面糊拖过，香炸。

要偷懒，还是老招：加上青葱煮酱油水。

龙头鱼娇如凝乳，沸汤爆火滚两滚就须出锅。若冷浆慢煮，鱼肉会蜷缩一半，古早闽南人也将它列入"新妇啼鱼"。不谙炊事的新媳妇当厨，见它在滚汤里消缩下去，怕被婆婆误解偷吃，掩面而泣。它和入锅后迅速缩水、被称为"打老婆菜"的茼蒿，一荤一素堪为绝配，是乡土食文化的经典故事。

在酱油水里滚过两滚的龙头鱼如豆腐一般润嫩，想完好地搛起一条都难。老人会夹住鱼头，整条拉到碗内，轻轻吮吸，稀软的鱼肉入得口来，舌头一咂，立时化成鲜美的汤汁，真是如脂如肪、如乳如酥。

厦门有大厨创新了泡椒丝丁鱼，腴肥鱼鲜与酸泡野山椒的锐利酸辣冲突之后，慢慢缓和，细腻的鱼肉如巧克力一般在口里化开了，满口腔弥漫肥鲜。

不过，肥如今据说不再是触觉了，而是新发现的第六种味觉，与酸甜苦咸鲜一样，在九千个味蕾中有对应的分布。泡椒丝丁鱼这道菜里，肥与鲜被尖锐的冷辣、刻薄的酸寒映照得鲜活妖冶，我认为它是近年最有个性的海鲜创新菜式之一，用甘肥如乳酪的红丁来做，堪称绝品。

龙头鱼最好吃的部位，是那连虾蛄也能消化的软小肚囊。厦门港老觫说，一斤左右一条的红丁，鱼肚很爽脆！

不过龙头鱼一般不大，数百条鱼才有一斤肚，据说闽东曾有一场豪宴，取三百多斤龙头鱼肚做一盘菜。鱼肚白灼后，爆炒青蒜，质味无可比拟。

低贱的龙头鱼，以独有的稀软、肥腴质感，博得今

煮龙头鱼。
（张霖 供图）

184

龙头鱼与虾仁、鱿鱼做成海鲜烩，十二分香艳。

（张霖　供图）

人喜好，身价一直飙升。

　　如今食鲜时代，市场所见多是近海的龙头鱼。近海小船，设备落后，鲜度不能保证。"民间化学家"出现了。你看摊子上那鱼体依旧硬朗，体色也不错，只是鱼头、鱼腹和鳍边，红得很鲜艳，像最好吃的红丁，你须小心了。拿起闻闻，会有隐隐的或是强烈的化学品气味。

　　仰天慨叹，连这么低档的丝丁鱼都做手脚呀！

　　鱼贩也振振有词：不是换名字了吗？龙—头—鱼！药厂什么药换个名字、换个包装不也是几倍地涨价吗？他们做得，我鱼贩就做不得？什么道理嘛！

鰻仔：
漫长悲壮的世代交替之旅

鰻
仔

日本鰻鱺

　　日本鰻鱺，学名 *Anguilla japonica*，鰻鱺目鰻鱺科鰻鱺属，俗名还有河鳗、黑鳗、风鳗、白鳗、白耳鳗、乌鳗、青鳗、蛇鱼、白鳝、青鳝、毛鱼、流鳗。美洲鰻鱺学名 *Anguilla rostrata*，欧洲鰻鱺学名 *Anguilla anguilla*。

　　2017 年，美洲鰻鱺和日本鰻鱺被世界自然保护联盟（IUCN）评定为濒危（EN），而欧洲鰻鱺则是极危（CR）。

鳗仔，是闽南人对日本鳗鲡的称呼，庸凡得近乎不能算名字。

老闽南人若知鳗仔正名叫"日本鳗鲡"，一定惊异爆粗，其实冤枉鳗仔了。物种学名，多数以模式产地命名。日本鳗鲡当然不只生活于日本，从东北亚到南亚的河口，都有它的踪迹。但谁让学者在日本先发现它呢，这事儿是它能做主的吗？

被国人长年低看一眼的鳗仔，乃世界级优质养殖鱼类，更特殊的是它神秘的生活史。和大马哈鱼一样，鳗仔一生经历海洋、淡水两种生活环境，次序则相反：大马哈鱼生于河、育于海，大了回淡水生殖，是溯河鱼类；鳗仔生于海、育于河，再回海里生殖，属降河鱼类。不过最近发现，有少数鳗仔终生在海里生活。

进入淡水的鳗仔，在河湖溪塘营造双口巢穴，易地而居，也有长住到成年的。

在低纬度的地方，鳗仔四五岁就成熟了；在高纬度地带，有的二十来岁才萌动春心。霜叶初红，大雁南飞，秋江瑟瑟，寒意渐深，这节候，它开始性发育：眼睛大了，吻端厚了，胸鳍变大变黑，腹部出现黄褐色金属光泽，号称黄鳗。

寒流骤来，北风呼呼狂吼，摇撼山林、拍打芦苇，簌簌抖开芦絮，吹飞得漫天漂白。随之电母鞭空、夜雨倾盆、万流狂泻，黄鳗响应冥冥中的号令，决然钻出洞穴，滑入怒水暴涨的江河，顺流结队，奔向海洋。

它们自中国大陆、中国台湾、朝鲜半岛、日本、菲律宾的各河口启程，凭刻录于耳石的来程日记，开始返乡之旅，直奔关岛附近、马里亚纳西侧的深海沟边。

模式产地：模式产地是对物种定名时，用来定名的原始标本产地，是生物学中物种命名法的范畴。比如日本鳗鲡，是西方学者在日本长崎首先发现的，以产地命名。物种也以特征、发现者命名，或发现者为表达特定意义而命名。

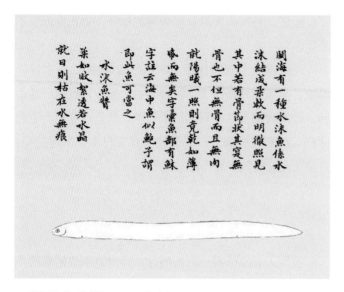

18世纪聂璜《海错图》记录水沫鱼:"柔软而明澈,照见其中若有骨节状,其实无骨也。不但无骨,而且无肉。就阳曦一照则竟干如薄纸而无矣。"

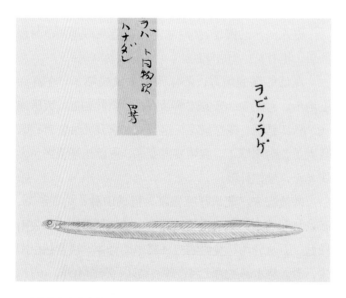

日本博物学家中岛仰山在18世纪晚期所描画的柳叶鳗白子标本。当时日本人认为它是银鱼的近亲。
(中岛仰山《博物馆鱼谱》)

入海后，体表的埋没鳞开始银毛化，雌鳗更不吃不喝，动员体内营养，甚至萎缩消化器官和肝脏，一力供应性腺发育。

数月到半年昼伏夜行，黄鳗到达故乡，吐精产卵，然后衰竭死去。

漫长、神秘而悲壮的世代交替之旅啊！

新生半油性卵浮上洋面，在日光里自然孵化为二三毫米长的柳叶鳗，形似鸡头拖着轻薄的柳叶，任高温、高盐、高速的北赤道暖流自东往西推涌。到菲律宾，遇到北上的黑潮暖流之际，完成第二次变态，长出肌肉，变为透明的玻璃鳗。之后，有自主运动力的玻璃鳗陆续摆脱黑潮洋流，进入西北太平洋河口。

换言之，玻璃鳗摆脱潮流的时间，决定了它此后在浊水溪、南渡江、珠江、九龙江、瓯江、长江、鸭绿江、汉江、信浓川等不同河口，被叫作鳗仔、白鳝、青鳝、黄鳗、黑鳗、风鳗、白耳鳗……或日本鳗鲡的命运。早者数日可入台湾河川，迟者二十多天就入日本河口，而最晚到达朝鲜半岛者则已漂流了十一个月。

四百年前，聂璜看到被冲入渔网的玻璃鳗"柔如败絮，透若水晶。就日则枯，在水无痕"，称它为"水沫鱼"。

玻璃鳗遇淡水后，变成半透明的鳗线，俗称白子。白子潜入海底，开始食荤，积淀黑色素，长大十数倍，成了身带黑线的"黑子"。

河川初暖，黑子溯流入江河湖泊，择地营穴，开始夜行生活，凭嗅觉索食，长大为银鳗。它们像芦鳗，能借分泌的黏液滑行，翻崖攀壁，甚而逆大瀑布而上，到另一水域生活。

每年深秋到春初，是东海捕黄鳗的季节。

渔民把形如虎口大开的定置网，挂在耸立海面的木桩上。或者两条船锚泊，拉开巨大网口，候捕入海的鳗仔。状如母猪奶头的网底囊一拉上来，有时成袋是约两尺长的黄鳗，泄在船舱里还滑钻，纠缠不停。

九龙江沿岸有一种特别的渔法——"割鳗"。渔人持刀沿江行走，一路用尾端带弯钩的锋利鱼镰，在江中水流湍急处挑撩，常常能把黄鳗"割"上来。老渔民说，有时下水就踩到啊！你不能不感叹当时大自然的丰饶。

如今水系大多污染了，鳗仔难以生存。水电站的拦河堤坝，也断绝了大多数黄鳗的归路。

新生代黑子更不知人间沧桑，水温10摄氏度开始在河口出没，寻觅托身之地。每年十二月中旬开始，尤其月黑风高、寒雾吹飞之夜，东北亚沿岸河口，点点渔火隐约闪动，就是在诱捕鳗苗。

捕上的鳗苗，装入充气塑料袋，辗转卖给日本人去养殖。六七厘米长、不到一克重的一条鳗苗，1970年

捕鳗苗的细目缯网，白天渔人会将它张开暴晒，防止有害生物附生。
（沈美坤　供图）

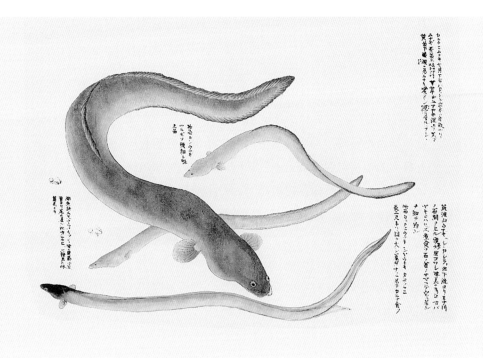

18 世纪中叶，日本博物学家奥仓辰行在《水族四帖》绘记江户鱼市售卖的日本鳗鲡，研究地域、石穴或泥沼等生境对其皮色甚至斑点的影响，认为秋产者多脂，紫者为上，头小胸黄者好吃。

代卖五厘，1993 年卖到 17 块钱，高于普通工人日工资。渔民说，月黑大潮夜，有时一晚挣数万。

2012 年，鳗苗每条卖到 46 元，与等重黄金同价！

鳗苗喜欢钻动物腐尸里，有渔民在九龙江口捞到一条死狗，里面密密麻麻地钻着数百条火柴杆长短的白子，不啻捞上了一只金狗！那渔民乐颠颠地回家，撬起老婆漏夜炒菜，狂喝洋酒。

20 世纪 80 年代，厦门从出口鳗苗改为养殖成鱼，甚至做烤鳗成品出口日本。鳗线在 24 摄氏度左右的水温里，饲养一年，长成每条四五两的商品鳗。90 年代后期以来，中国的鳗鲡产量，占全球八成以上。

日本崇尚吃鳗鲡，人均消费量为国人千倍。售价过一千五日元的便当，通常就有一片烤鳗。日本人很早就以鳗仔治痊夏，滋养身体，提振精神。日本最早的诗歌总集《万叶集》写道，鳗鱼有助缓解苦夏。立秋前十八天的"土用丑日"，是他们专设的鳗鱼节，在令人倦乏的夏天后，以鳗仔来补充元气。

鳗鱼随现代养殖业的发展而翘首，与金枪鱼等取代了寿司、天妇罗、荞麦面的日本料理代表地位。

这不是食物迷信，中国人自古也视鳗仔为滋补圣品，称有暖腰膝、壮阳之效。占体重四分之一以上的脂肪里，抗心脑血管疾病的EPA（二十碳五烯酸）、DHA（二十二碳六烯酸）含量，明显高于禽畜肉，在鱼类中也称翘楚。这两种成分主要存于海鱼，特别是青背鱼，在淡水长大的鳗仔拥有它们，是例外。而鳗肉的维生素 A 含量是禽畜肉的百倍，更有大量胶原蛋白能为人美容。

2017 年初夏，我到日本，大大小小的商店都悬着招贴，一条暗褐腰身、黄胸白肚的鳗仔旋扭穿过文字——"土用丑日国产鳗鱼预定中"，可见其盛。

日本最常见的鳗仔料理，是蒲烧鳗。剖切成片的鳗鱼，涂上酱油等制成的甜辣汤汁，卷起来用竹签串起烧烤，看起来像香蒲花穗。

皮肉烤焦、闪着褐色油光的烤鳗鱼，白米饭，胭红腌梅子——拼图的色彩令人喉动。入口后，皮肉跳弹而肥腴，鱼皮的油脂、胶质化于米饭间，脂香与饭香糅合发味，消了油腻，芳香馥郁，回味悠长。

蒲烧鳗在日料中很常见。
（施沛琳　供图）

鳗仔早先在闽南实在太多了。春夜，九龙江沿岸的孩子点上火，用蚊帐布缝成网球拍状的纱网，在浅水里捞"条鳗仔"——牙签一般大小的鳗线，一勺少则三五，多则一二十，大半夜能捞 脸盆。用它与绵细的兴化米粉同炒，黑黑白白，鲜美至极。回想起来，吃了多少金条啊。

它最金贵之时，是有人跌打扭伤了，老人说，赶紧找几条小鳗仔，与通草、葱须、当归同炖，疏通血脉。

成鳗盛出节令，老人将成把蒜粒油爆，与鳗段同炒，注入酱油水，煮熟当菜，图它唯有中骨而少杂刺。鳗仔在海边人家是寻常鱼类，切段、煮咸，下饭送粥。潮汕一带，将它与咸菜合调，借酸咸把鳗仔的鲜香衬托出来。

富足人家用它做滋补的美味，袁枚《随园食单》记有"红煨白鳝"和清蒸、清炖、白烧、红烧、焖等技法，无论质感、肉味还是余香，皆是上品。要进补，用洋参、淮山、枸杞子一类同煲，如果再加五味子，功效更强。

广东顺德名菜"顶骨鳝"，即巧切鳗鱼，骨断皮连，经盐和酱油浸入味，油煎让表皮定形，再以烧肉、蒜头过油提香。骨肉分离之际，将整条鱼骨抽出，换入火腿，用猪网油包裹全鱼，蒸制半小时，形色味香俱全。

历史上最有名的鳗仔烹调法是唐代的"锅烧鳗"：宁波一带窑民在溪里捕到鳗仔，以自制砂锅闷烧，肉酥烂而皮不破，汁浓皮韧，软糯香润，乃老饕杀馋的无上妙品。

四

酷爱鳗仔的日本人提出，谁育出鳗仔幼苗，应该获得诺贝尔奖，它的繁育太神秘了。

2006 年，追索鳗仔生育秘密 70 年的日本学者兴奋

十几年前我在厦门市场拍摄的养殖欧洲鳗鲡。

地宣布：终于发现了日本鳗鲡的产卵场！

　　鳗仔产卵场，就在毗邻世界最深海渊的马里亚纳海岭南端西侧，三座峻拔的海底山峰是雌雄鳗鲡的约会之塔。高盐海水、低盐海水的盐度峰恰好在此交集。

　　在这神奇之地，每年自夏到冬的晦日——月亮处于地球与太阳正中间的暗夜，乃神奇之时，成鳗自深水浮上温暖的浅层，雌雄交合后死去。

　　被授予生命的半油性卵，随静夜眉月的出现浮上水面，被赤道洋流推涌而去，到吕宋岛以东，南北分道。北上的苗群随黑潮暖流的支梢，不断飘向西太平洋的不同河口……

　　厦门乃至中国、东亚的鳗仔，出生地在数千公里外的遥远海域？

　　委实难以置信。

　　你如果知道大西洋两种鳗鲡——欧洲鳗鲡和美洲鳗鲡的命途，就不惊奇了。

南、北美洲大陆有很长时间是分离的，2000万年前，太平洋鳗鲡成鳗可以穿游到大西洋。500万年前中美洲地峡隆起，封闭了通道，隔离在大西洋的鳗鲡在百慕大马尾藻海深处找到新的产卵场，并演化出了欧洲鳗鲡和美洲鳗鲡，分乘北赤道大西洋的不同湾流北漂。

美洲鳗鲡的柳叶鳗依磁感应指示，随墨西哥暖流向西漂了两百多天，进入大西洋西岸自格陵兰以南到加勒比海的各个河口。

而欧洲鳗鲡征途遥远，幼体随墨西哥湾暖流朝东长程漂游一两年，到达英伦三岛、北海和欧洲西部、非洲北岸的河流，在淡水里生活十数年，有的长达八十余年——比古代人类长寿，再游五六个月回故乡产卵。

7世纪起，挤满溪流池塘的欧洲鳗鲡，是以碳水维生的欧洲人轻松可得的动物蛋白。它经高温烟熏，干如柴棒，作为货币流通。10世纪，英格兰东部艾利修道院院长每年都会收到附近村民的一万条熏鳗作为谢仪。

多数幼鳗无福长为成鳗。在地中海咽喉西班牙的河口，手指长、条状苍白幼鳗被称为安古拉斯（Angulas），很早就被成网捕捞。大蒜片、红辣椒被热橄榄油炒到刺刺作响，倒入幼鳗，与盐、胡椒搅拌。一直到19世纪，安古拉斯还是当地农人的时令食材，身价低贱如日本鳗鲡在东亚。

稍北的泰晤士河口，成群扭动的欧洲鳗鲡早吸引了大批捕鳗船。鳗鱼切碎，加草药煮沸，冷却，使之变为鳗鱼冻，是伦敦东区穷人叉盘上的尤物。伦敦第一家面对底层人群的馅饼和土豆泥店开业，鳗鱼炖品与胶冻成了主要配菜。

养殖的美洲鳗鲡。欧洲鳗鲡和日本鳗鲡鱼苗资源陆续告竭，如今它是全球养殖鳗鲡的主要品种了。

欧洲鳗鲡的标本画。

（马库斯·布洛赫《鱼类博物学》）

世界上二十一种鳗鲡，与三文鱼等鲑科鱼一样，都是命途闭环鱼类，最终要回胎血之地报本。它们共有一种生存智慧：让后代在敌害最少处诞生，到营养最富处生长。

但鳗仔远胜于鲑鱼的是它的"群体利益至上原则"。

它们演化出"大母小公"的种群生存策略：雌鳗极大化，雄鳗年龄和体形极小化，美洲鳗的雌雄体重比甚至达 20∶1。

最终决定每一条鳗仔性别和成熟时间的，在于生活环境。个体少而饵食丰富，雌鱼比例就增加，多生育后代。个体多，饵食不足，多数鳗仔就当不产卵的雄性，提早成熟，提早入海，把生存资源留给雌鳗或者新鳗——多崇高的无我境界啊，接近以群为生命体、追求种群利益最大化的蜜蜂！

鳗仔的降河方式也很特别，成群结队，甚至纠缠成球，翻滚着随流出海，名副其实地抱团——我怀疑，日

五

本人嗜食鳗仔，不单为大快朵颐，还为了从它身上摄取团队精神。

20世纪中叶，三种鳗鲡穿游于世界中高级餐厅。其中，日本鳗名头最响。它不同于欧洲鳗、美洲鳗，油脂主要分布在肌肉中，脂肉交融，口感比后两者更细腻，因此价格稍高。而后两者中，美洲鳗口感又优于欧洲鳗。

现在，高企的价格让日本人很难大吃烤野生鳗苗了。本该中国人享用鳗仔这河海珍品，但是，江河污染了，筑坝了，资源日渐枯竭，近年出版的鱼类学著作里，很少记载它了。

野生鳗仔背部呈暗褐绿色，腹色瓷白，惟胸鳍前段晕染金黄。十数年前，我在渔家偶见一条，询价，渔民张开手掌示意，一斤500元。

鳗仔，曾经庸凡不堪，如今身价高不可攀。

当然，市场上还能看到背部发黑或呈青蓝、黄绿的养殖货，多数是美洲鳗鲡。它们如快餐店里那种养殖三十来天的速成鸡，鱼生极其苍白。营养或许相差不远，脂质含量甚至更高，但是没有美食的口感和文化的联想了。

2017年，日本鳗鲡和美洲鳗鲡被世界自然保护联盟评定为濒危的二级保护动物，从20世纪80年代开始欧洲鳗鲡种群数骤减90%，变成极危，距灭绝仅一步之遥。在人工繁殖与养殖全程的技术成熟之前，不论哪一种鳗鲡的野生苗都有断供可能，也许某一天，鳗迷们只能望图止馋了。

饕客们，温柔地看一眼欧洲鳗鲡的古老标本画吧，不小心，恐难再见它了。

牡蛎：

我的乡愁是一盘蚵仔煎

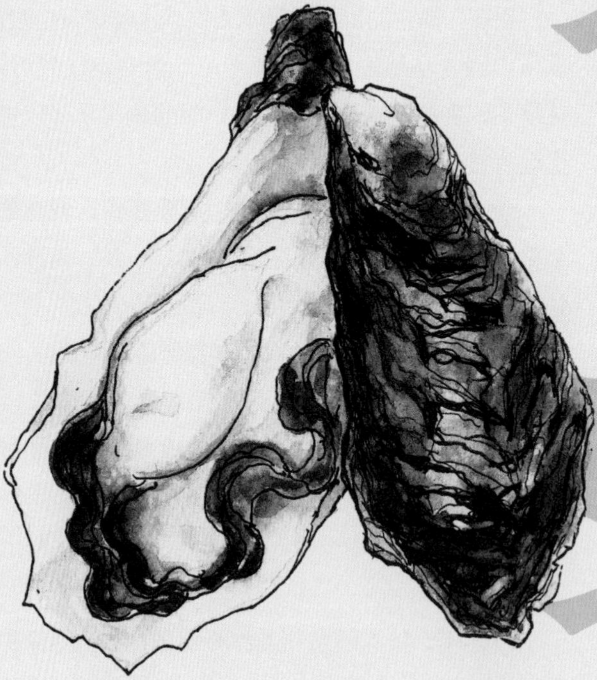

牡蛎

福建牡蛎

　　牡蛎，也写作蚵、蠔、蚝，俗名还有海蛎、蛎房、蛎黄、海黄、蛎蛤、牡蛤、蛎蝠、蚝、蚝蝠、左壳等。

　　我国常见的有二十多种，比如：福建牡蛎（*Magallana angulata*），又名葡萄牙牡蛎；褶牡蛎（*Alectryonella plicatula*）；香港牡蛎（*Magallana hongkongensis*）；长牡蛎（*Magallana gigas*）；近江牡蛎（*Magallana ariakensis*）；密鳞牡蛎（*Ostrea denselamellosa*）；棘牡蛎、黑齿牡蛎等。均属双壳纲牡蛎科。

我这辈子三次长时间离开厦门，算来有十三年。乡愁于我，是一盘焦黄的蚵仔煎——很没出息的话。

　　到闽西插队的第一年，饿得清瘦。冬天回家，母亲上午买菜回来，先做一小碗蚵仔煎，让我吃独食。热腾腾的，甫一端出，蚵香、蒜香、粉焦香，扑面而来。浇上辣酱，夹一筷子，蚵仔煎如生胶抖动，囫囵入口。

　　立冬后的蚵，肚实膏肥，鲜香糯美，又有蒜香浓郁的厦门酸甜辣酱相佐，入口就惹起香酥鲜嫩、甜辣酸热大会战，各色味蕾都躁动起来，亢奋不已，满足之余，怂恿舌头，要它追到胃里去。

　　蚵是牡蛎在闽南的俗写，在莆田称为蚝，在福州读作叠，在台州称蛎，尾音拉长而有咝的韵味，在宁波就叫蛎黄，往北边称牡蛎。在南边的广东称蚝。

　　"蚵"在闽南其实并不读 kē，它的韵母是介于 e 与 o 之间的一个音，这元音在汉语里慢慢消失了，蚵的声名却越来越大。宋代，官至左宰相的厦门人苏颂说："今海旁皆有之，而通、泰及南海、闽中尤多。……其味美好，更有益也。海族为最贵。"也许有人疑他偏私，把牡蛎捧到这么高的位置。大饕苏轼被贬海南儋州，尝了它也惊叹不置，与熊掌并论，给京城哥们儿的信里调侃道，"无令中朝士大夫知，恐争谋南徙，以分此味"。

　　海蛎是双壳贝，一面弯曲如瓢而另一面为平盖，古人因此称其蛎房、蛎蒲、蚵蒲。它们一颗颗附生石面，挨挤叠垒，像滚地龙棚屋一样靠挤错连，甚而把别人的屋顶当地面，擅自加层叠楼，放肆生长。唐代刘恂《岭表录异》说，"其初生海岛边如拳石，四面渐长，有高一二丈者，巉岩如山"。

福建"田少海多，民以海为田"，宋代就养殖牡蛎。闽江以北——从宁德到福州沿海多插竹竿养殖，称"插箬"。宋朝梅尧臣《食蚝》说，"亦复有细民，并海施竹牢。采掇种其间，冲激恣风涛"。这说明珠江口、深圳宝安一带，也用此法养殖如今大名鼎鼎的沙井蚝。

闽江以南则以条石作为牡蛎附生基底物，竖立形式又分两种，即单条插立和多条靠立的"蚵簃"。

蚵簃由长四尺、宽半尺、厚一两寸的花岗岩条石，挨靠成三角、五角、六角的枪架形。

厦门本岛、大陆两百多公里长的岸线，但凡合宜的

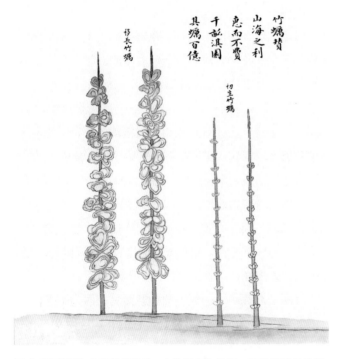

聂璜《海错图》介绍插箬养法，右边是初生竹蛎，左边是移长竹蛎。他赞曰："山海之利，惠而不费，千亩淇园，其蛎百亿。"砍来山上的石竹等结实的小竹，插在近岸让天然牡蛎苗附生其上，再移往滩涂疏殖。果然是山海之利，惠而不费。

泉州深沪在数万平方米的海滨，举世罕有地留存了 1.5 万~2.5 万年前的古牡蛎礁岩，历经多次海陆变迁，礁岩表面神奇地恢复到当年海平面的高潮水平。

（深沪湾海底古森林管理处　供图）

广西钦州的牡蛎养殖方式和闽南条石组靠模式相同，也许是数百年前到此定居的闽南人带过来的，不过条石如今已被水泥柱条替代。

（陈灼瑞　供图）

潮间带滩涂，一列列蚵簇，亘延数里甚至十数里，渺无涯际，随潮汐进退而现没海天，十分壮观。

　　养蚵作业大致程序是，冬春采收后，放倒蚵石，埋入泥里防止藤壶附靠，清明前起出让潮水冲刷干净，以便蚵花附生。初夏，把附花蚵石成组靠立。之后，翻阴阳面，清理掩埋沙泥……

北宋泉州知府蔡襄主持修造的洛阳桥，为我国现存年代最早的跨海梁式大石桥，与北京卢沟桥等并称为我国古代四大名桥。蔡襄造桥后采用"种蛎固基法"，在基石上养殖牡蛎，使之粘连巩固桥基，是把生物学应用于桥梁工程的世界先例。

图为清海关总工程师大卫·马尔·亨德森 19 世纪 80 年代左右拍摄的洛阳桥和两边滩涂枪架式牡蛎养殖场。

（伦敦大学亚非学院图书馆特藏）

　　秋末到来年仲春，渔民驾着尖头阔肚的双桨仔船，乘潮驶入蚵浦，勾起一条条蚵石，竖于船上竹皮箩，用蚵铲把蚵蛳铲下来。

　　这节候，沿海村社不消说，城镇街边，遍布一方方剖蚵桌，阿婆阿婶阿嫂阿姐阿妹们围着如山蚵蛳，每人一个碗，一把蚵刀，计量工资，清早剖到黄昏。亮闪闪蚵刀落处，腆着美白圆腹、穿着黑超短裙的小珠珠，一个个款款下场来了。

蚵肉滗干汁水，称作"干荮蚵"，一箩箩运市场。不过，蛏蚵贩子常借洗蚵之机，让蚵子吸饱淡水，一只只肥嘟嘟，再挑些个大的铺表面，白花花一箩箩，丰乳肥肚。

你买这种浸水蚵，摊主问，要哪一角？

这角?!

他用大河蚌壳，或者黄螺壳勺子，细心舀出称过，倒入包装——包菜叶、牛皮菜叶，轻轻帮你放入菜篮。回家一翻动，水淌出来了。烹煮时加热一下，又缩几分。分量少不说，鲜味流失了许多。

识货的，宁肯贵个几分钱，也要买干荮蚝。米色蚵肚凸挺，黑色蚵裙自然张开，回家加点盐漉洗，蚵肉收缩，蚵蒂壳屑自然掉落。洗蚵水呢？澄清了做汤，或用来拌番薯粉，烹蚵仔煎。

条石养殖的干荮蚝，肚囊结实、挺出，乳白中透着淡黄，煮后不太缩水。

闽南以蚵为主材的美食，不下十种，最家常且最富有特色的，是蚵仔煎。

闽南的伟大乡贤陈嘉庚先生除了人品、性格、语言，连口味也"最闽南"。他生前最爱蚵仔煎、蚵仔粥、炒米粉、炒花生配番薯稀饭。这些原生态食品清淡、简单，暗合科学饮食之道，故此一生艰苦奋斗，仍有88年高寿。

番薯如今是联合国卫生组织向全世界推荐的最佳食品，而蚵仔煎乃番薯粉与蚵仔山海交合生出的美味。

蚵仔煎的材料配搭极巧妙：性味甘平的番薯粉，调和奇鲜腴美的蚵仔，以衬其鲜，再加青青白白的辣香大蒜拔味，佐以酸甜辣酱，它们与蚵肚、蚵耳、蚵裙的味道混搭，生出好些个滋味来，秾芳香艳，烈鲜馥郁，但

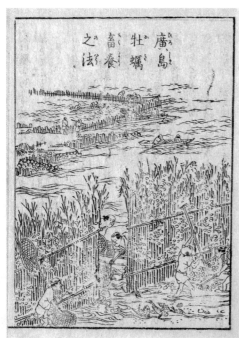

日本《山海名产图会》介绍广岛名产竹沪牡蛎的养殖方法，既收获牡蛎，也借它加固竹沪、拦截随潮进入的鱼蟹。明代冯时可《雨航杂录》已介绍此法。

绝不发腻。

要更好看些，主妇会把鸭蛋打匀，泼到蚵仔煎面上，再翻两下，起锅。于是玄黄白绿，在盘子里颤颤悠悠，晃动诱人色味。品食之际，布上绿萝般的香菜，洗眼睛也刷味蕾。2009年，《乡愁》的作者余光中回访母校，说"六十年后犹记厦大蚝煎蛋"，就是这款做法。

读研究生时，来了朋友，无论地北还是天南，我与同窗、惠安出身的黄星民兄的传统节目，是用宿舍电炉分别表演"厦门学派"和"惠安学派"蚵仔煎，以博客人评定为乐。

惠安和潮汕一样，也有称蚵仔煎为蚵烙的。一个烙字，说明了两地煎法与厦门的差别。烙是蚵、粉各半，蒜随意，实实在在地烙"饼"当饭吃。厦门的煎，是两份蚵、两份蒜、一份粉，粉主要起黏结作用，摊煎后呈散块状，当菜也兼辅食。星民兄说，厦门做法，准确地说，应称为"蚵翻"，我以为这新名字颇传神。

三

现今很难吃到地道的蚵仔煎了。

为什么？

材料不行。

厦门现今的蚵有四类：礁石上剖的石蚵、蚵簇的珠蚵、海水里垂养的吊蚵、九龙江入海口一带的近江大蚝。

野生石蚵，通常是棘牡蛎、黑齿牡蛎，肉小而弹韧，色如碧玉，但腥味重。

最大宗的是吊蚵，现今你吃到的几乎都是它。尼龙绳穿起蚵壳，野生蚵苗附生其上，一串串挂在浮球上吊养，产量数倍于蚵簇。但是一辈子泡海水里，生活慵懒，蚵肉肥肥嫩嫩，松松垮垮，吃来没筋道，更缺少野性浓鲜。

而几近消失的近江大蚝长在淡海水交汇的区域，蚝石多数时间浸在水里，饵食丰富，不经风雨，同样没沧桑况味。最大者壳长半米，肉重过斤，淡口重腥，为厦门人所不屑。我在日本想念蚵仔煎，只好用广岛近江大蚝来煎，全然不解乡愁。

蚵仔煎，也写作蚝仔煎，是闽南语人群的最爱之一。

最好的当然是在干湿交替的环境中长起来的蚵簇蚵，结实饱满、晶莹细嫩，闽南人宝爱它，美称其"珠蚵"。次者，就是插篊蚵，品种也是珠蚵。它不如蚵簇蚵处，乃非附生于石头。蚵簇蚵苗在晚春时节以浮游幼虫形态附生于蚵石，严寒酷暑，冷熬热煎，缓缓积攒日月精华，长得结结实实，滋味深长。

珠蚵之外，现在难觅的还有道地番薯粉和大蒜。

现今市面上卖的番薯粉，都磨粗了，黏性太低。

好蒜，是用农家肥种出的紫皮硬骨蒜，细杆剑叶，紫色头膜，味道香辣，现在也成稀罕。

闽南民谚说，"二月肥蚵肥韭菜"，斯文人家，也会用韭菜替代紫皮蒜，精致雅嫩，却没有大蒜的豪烈之香。

总之，只有这样的好材料——珠蚵，剖后未在淡水浸泡，纯番薯粉，紫皮蒜，才做得出上好蚵仔煎。

这样的蚵仔煎，配上酸酸、甜甜、辣辣的厦门辣酱，撒上几缕香菜，就出味了。什么叫国色天香？如何倾人倾城？一盘蚵仔煎，足矣！

如果由我来排"闽南海味美食榜"，蚵仔煎必然是第一。

蚵的另一种特色做法，是炸蚵兜。农村流行的匙仔炸，到城里演化为"蚵兜炸"。蚵兜炸的做法是，蚵与大米黄豆浆、葱、香菜、萝卜丝拌匀，用大漏勺一勺一

四

豆腐香菇杂菜羹里下一把珠
蚵，很提味。
（张霖　供图）

勺下锅，焦黄时捞起溠油，切块，加上酸甜萝卜、香菜，浇上辣酱，色、香、味俱佳，热腾腾，只一口就嗨翻你的味蕾。

做法更简单的是蚵子凛：葱花爆锅，水沸，勾了番薯粉的蚵散拨入汤，沸了，放入蒜段或者香气浓郁的茼蒿，撒胡椒面，收火起锅。野香对浓鲜，碧绿衬肥白，也是绝配。春头阴寒到脸青唇黑的日子，一碗黑胡椒蚵子凛下肚，周身发热，颜面发红，额头出汗，鼻水连连，那个爽，不能只以美味来形容！

它的变体海蛎线面也是简单的美味：爆了葱头，肥满发黄的珠蚵拨下滚锅。一沸，放入线面，再沸，下韭菜。起锅，葱头的香气、蚵仔的鲜味发散，热腾腾，勾人馋虫。

蚵子最寒碜的境遇自然在蚵乡。中国南方渔村大半兼营一点农业，渔家用同季盛产的腌芥菜或青蒜，来煮日常打底菜"蚵咸"。排出的尿，浓重的氨气里有蒜的浊臭，渔农说浇菜肥力很足。

另一种蚵乡经典料理，即与当季盛产的番薯粉相拌，煮稠稠的一锅，撒下一把青蒜，叫蚵糊。除夕多煮一锅放着，大年初一早晚再各食一碗，祈祷新年山丰海足，家和运顺。

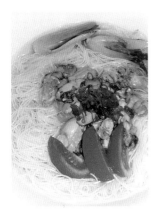

如今高档酒店的海蛎线面这么
秀气，只合当点心。
（陈智灵　供图）

　　蚵等海蛎称大号牡蛎，只缘古人误解。晋代陶弘景《本草经集注》说，"道家方以左顾者是雄，故名牡蛎；右顾则牝蛎尔"。置蛎尖端于北，尾斜向西者称左顾，即牡蛎；反之即牝蛎。道家很可爱地设想它们是雌雄分海而居，牡主产于东海，牝主产于南海，以牡蛎为贵。

　　《本草纲目》以化生观彻底否认雌牝的存在："蛤蚌之属皆有胎生卵生，独此化生，纯雄无雌，故得牡名"。《广东新语》也否认它有雌雄之分，认为叫牡蛎是因为它个头大："蛎无牡牝，以其大，故曰牡也。"

　　其实，牡蛎一科百种，皆有雌雄。不论雌雄同体或者异体，它之奇异处乃在有古人所不知的神奇本事：能借信息素感知邻近族群的性别比例，调换雌雄。纵如李大药圣说的"纯雄无雌"，也能平衡阴阳，让雌雄配子以合理比例去受精繁殖。

　　李时珍之所以断定牡蛎皆雄，乃因它气性助阳。现代医学业已证明，牡蛎含锌量高居日常食物榜首，而锌是合成雄激素最重要的物质。中医说牡蛎利于肾水，古希腊神话说牡蛎是代表爱的食物，玄机皆在于此。极嗜生蚝的拿破仑把毕生的成功归因于它："生蚝是征服敌人和女人的最好武器。"

　　每百克牡蛎肉的含锌量高达 71.2 毫克，两三个牡蛎就足够提供一个男人全天所需的锌。如果再把大蒜换成"起阳草"韭菜，吃上一盘就激情澎湃啦！

　　古之好事者，把嫩白肥满的蚵囊也唤作"西施乳"。周亮工觉得尚不称意，再把它移到杨贵妃身上："西施舌，既西施之舌之矣。蛎房其太真之乳乎，圆真鸡头，嫩滑欲过塞上酥。"（《闽小记》）旷世美人的不幸就在这里，千载之下还得任人便宜使用，无论褒贬荣辱。

　　清明前后，蚵子身怀六甲，便便大腹——其实是膨大的生殖腺，开始往澎湃的春潮吐浆——精子或卵子，

蠔蛤

幸好有聂璜存疑："左顾为雄，未知是否。"
（《海错图》）

让它们在海水中配对受精，长成幼虫，依附固体。每个成熟牡蛎有五千到一亿个配子，一齐吐浆时水为之洇白，那情景真应了它"海中牛奶"的名号。

放了浆的亲体，仅剩一副发腥的空皮囊，俗称烂肚，老闽南人不吃。

吊蚵如今已是牡蛎养殖的主要方式，春天吐浆后，过些日子就复肥，一年四季都能应市。

虎鳗：
洋海大盗蔡牵的藏宝故事

匀斑裸胸鳝

    闽南人俗称裸胸鳝为虎鳗。台湾海峡常见的有斑点裸胸鳝（*Gymnothorax meleagris*）、波纹裸胸鳝（*Gymnothorax undulatus*）、网纹裸胸鳝（*Gymnothorax reticularis*）、宽带裸胸鳝（*Gymnothorax rueppellii*）、异纹裸胸鳝（*Gymnothorax richardsonii*）、密网裸胸鳝（*Gymnothorax pseudothyrsoideus*）、匀斑裸胸鳝（*Gymnothorax reevesii*），均为鳗鲡目海鳝科裸胸鳝属。

二十多年前，去看《国家地理》评选的"中国最美十大海岛"之一：大嵛山岛。厦门出发，半天才到霞浦三沙。明代起，闽南渔民长年征讨舟山渔场，三沙由中途补给地、避风港，慢慢成了有数千人的定居点。一位朋友早年随父辈到这里打鱼，四十多岁才回厦门港，时常说起这里保留的闽南旧俗。

过午，车停路边一家老石屋排档，后门坠崖下是渔码头，远处岸线岬角后隐约可见嵛山岛。

排档上空空荡荡，只剩几款鱼，几条虎鳗。

店主果然是闽南口音，抱歉说，没什么鱼腥了，不然来个虎鳗煲？

也罢。虎鳗煲、干煎碗米仔、花蛤豆腐汤、素炒空心菜。

店主边炒菜边闲扯。听说要去嵛山岛，笑言，多住几天，找找蔡牵的金银财宝。

蔡牵是三沙人呢，对了，也是同安人！

我知道蔡牵，其乃清代纵横闽浙粤海洋十余年的大盗。和嵛山岛有什么关系呢？

店主几乎嚷了起来：蔡牵的财宝都埋在那啊！

接着念出一串口诀，同行朋友掏出本子记。

我说别记了，多少人去找过啦！

我和《厦门晚报》同事，刚考察过漳浦南碇岛。当地渔民说岛下贯通一条浪蚀暗洞，洞里有海盗埋下的财宝。我选个天文大潮的日子，派三名记者去做探险报道，果真穿过数百米长的水底暗洞。当然不是寻宝，轮得上你吗？历史上，想暴富的海盗、渔民，出生入死寻过多少回了呢。

店主说：对了，我们这里人说，虎鳗就是蔡牵留着守财宝的。

那就更荒诞不经了。

鱼市上常见各色各样的虎鳗品种。

上了崳山岛，没去探宝。店主认真说的那个藏宝洞，也没看一眼。后来再次去崳山岛，依然没去寻宝。

勾起这段记忆的，是《厦门晚报》刊载的专题《海盗与将军》，老朋友黄绍坚、萧春雷用四个版长文，探究清代洋海大盗蔡牵与他的冤家——另一个同安人，即清嘉庆年间"总统闽浙水师"提督李长庚——纠缠十数年的生死恶斗。

蔡牵乃同安县从顺里三都西浦（今厦门市同安区西柯街道）人氏，流落霞浦三沙当渔工。饥贫不堪，这从顺里出身的人不再从顺了，拉一条船下海为寇。只三年，跃为海盗头目，拥十三四条船。尔后，蔡牵与安南（越南）艇匪联手在闽浙粤海洋劫掠夺抢，有如闲庭信步。清廷文书描述蔡牵"奸狯善用众。既得夷艇，凡水澳、凤尾诸党悉归之，遂猖獗。凡商船出洋者，勒税番银四百圆，回船倍之，乃免劫"。官兵望风披靡，称其为

"洋匪""洋盗"，以区别近海"土盗"。

嘉庆十年，即起事十年后，蔡牵率一万多人马的船队攻占台湾，自称"镇海威武王"，改元"光明"。好家伙，和清廷杠上了！

嘉庆帝着水师重兵围剿。死磕四年，1809年夏，蔡牵与浙闽水师在宁波海上交战，且败且走打到浙江定海黑水洋。蔡牵兵绝弹尽，以银圆装大炮膛发射。追兵逼靠，遂倒转炮口，自裂其船，和妻子、喽啰一起沉入大海。

对手李长庚呢，却早一年，在另一个黑水洋——潮州外海黑水洋的靠帮船战中被蔡牵打死了。

自16世纪明朝中叶起，中国东南沿海是世界海盗的舞台，中国、日本、葡萄牙、西班牙、荷兰的海上武装，随时切换海商、海盗身份。有生意，是商；没生意，就杀人越货，海上没的抢就上岸抢。美国学者穆黛安比较了世界海盗，总结说，"就活动范围、组织结构和延续性而言，其他地方的海盗是难望中国海盗之项背的"。

中国海盗源远流长，而1520年至1810年是鼎盛时代，三百年间的主角，除王直、郑一嫂、张保外，几乎都是闽南人：大名鼎鼎的李旦和他的弟子——拥兵十万的郑芝龙，"开台第一人"颜思齐，之后的金纸老、李光头、沈南山、邓文俊、谢和、严老山、洪迪珍、张维、吴平、朱濆、朱渍……

明清海盗丛生，起因乃禁海苛政逼迫民反，也侧面说明闽南人驾驭海洋的能力和性格之强悍。

清嘉庆时期绘的《靖海全图》长卷的部分，描绘官军与海盗炮战场面。

（香港海事博物馆藏）

细点双犁裸胸鳝

网纹裸胸鳝

黄体裸胸鳝

不管哪一种虎鳗，在水下都是一副勇猛矫健之态。

（连永忠　供图）

说了半天，海盗和虎鳗有什么关系？

在闽浙粤沿海地区，流传许多蔡牵藏宝的故事，秘诀有好几种。嵛山岛流传的是："吾道向南北，东西藏地壳；大水密（淹）舱（不）着，小水密三角；九坛十八瓮，一瓮连一瓮；谁人能得到，铺路到连江。"

财宝之多，能一路铺到两百里外的连江呢。

熟悉鱼性的三沙人，编派虎鳗当蔡牵守财护宝的角色，应有诸多考量。

鳗类是对自身做过高度特化改造的海族之一，它们

三

它们藏身洞穴，不问天然或人造。

（张伟伦　供图）

减少甚至消除身上成对的鳍与鳞片。虎鳗为了方便在珊瑚礁缝、岩缝穿梭，干脆把胸鳍、腹鳍消除——这是裸胸鳝大名的由来，周身饰以斑带或网纹、斑点，与环境浑然一体。即使长两三米，穿游也灵动如风中飘带。

它们蜷缩于珊瑚礁穴或岩块下，只露出头部。鼻孔张开，嗅别潮流味道的细微变化；眼睑半闭，琢磨着周遭动静，心机深、警觉高。

虎鳗夜间出外游巡掠食，甚至能跃上礁岩追猎。它们齿利如刀，且带内弯，一旦咬住大猎物，迅即旋扭身体，撕开创口，牙齿分泌出毒素，让猎物疼痛得颤抖至死。像海鳗一样，它咽部的夹钳状咽腭能前移，夹食物退缩入肚子，整个过程吃鱼不见血啊。

日夜值候，善于隐蔽，心机缜密，出手狠毒，这些都符合守宝人的要求。蔡牵的"金银岛"至今未发现，有人说是寻宝人畏虎鳗而不敢入深海呢。

狠毒的虎鳗，却也是闽南语系人群喜爱的滋补之物。

过去延绳钓、诱篓作业，虎鳗会和蝤蟹一起上来。如今的底拖网，钢索串起硕大的轮胎滚轮，每个几十斤重的铁轮，如耙梳一般掠扫海底，虎鳗也落入网罗。

澎湖是玄武岩和珊瑚礁构成的岛群，盛产虎鳗。那里的渔人胆大，春夏晨昏，涉水寻觅鳗穴。把鱼饵塞入洞穴，逗它出来，用锋利的鱼叉插下。

新法子是潜入深水，寻到大虎鳗洞，用软竹片塞入饵钩。虎鳗凶猛摄食，一旦吃钩了，潜水人即拉信号，通知船上拉鱼。

虎鳗能有多大呢？2013年有人在微博展示活鳗，一米多长，四十斤重，粗同成人大腿，全身布满虎斑。

好食虎鳗的不止中国南方人，这种地中海泽生海鳝（*Muraena helena*），也是古罗马人的美味，他们甚至将它饲养于海滨鱼塘，所以它也称岁马海鳝。（马库斯·布洛赫《鱼类博物学》）

19世纪初绘制的虎鳗，比较温雅，看来守不了宝藏。物种名标注为油追，可能是唇瓣裸胸鳝。油追在香港身价颇高。（《中国海鱼图解》）

四

　　虎鳗在闽南也叫糙鳗、鳗嗲（闽南话读作dēi），虎鳗这称呼，原属"内海王者"海鳗，不知何时移给了它。

　　虎鳗名头换主，除了喻其凶恶，还因其毒杀人也如虎：大多数裸胸鳝的肌肉含有毒素。烹食中毒事件，各地时有发生。如果编织故事，应是蔡牵安排它守宝时，授予了毒招。

　　虎鳗的毒素来自它摄食的鱼类，而鱼身的毒素来自珊瑚礁毒藻。无论缘由，吃虎鳗是有一点抽生死签的味道。

　　我粗略查了一下资料，台湾发生的虎鳗致死事件中，凶手是波纹裸胸鳝和斑点裸胸鳝。前者深褐色的体表有斑斓的浅色云纹，后者从头往尾体色渐渐加深，由黄褐色变为暗紫色，上面均匀散布白点。

中国海域除了有污点记录的虎鳗，还有豆点裸胸鳝、黄边裸胸鳝和爪哇裸胸鳝、细点双犁海鳝。

虎鳗的食法，通常是切段汆油，做煲。也可以切段，仅留肉皮相连，然后环盘在陶钵里。倒下绍兴酒，放入姜片、葱段等一应调料，放到灶火上煲。

不论哪种调理方法，虎鳗最好吃的，是弹韧多胶的鱼皮，黏如糍粑，这是糍鳗名头的由来。

东山老鱼商沙茂林说，虎鳗多在春头生殖，从初夏南风起到年底都好吃。

在厦门高崎鱼档，我与另一帮食客同时相中了一条十几斤的虎鳗，协商分而食之。请店家将它片肉来涮火锅，鳗皮柔韧，鳗肉细腻，都在预料之内。没想到的是，鳗身的中骨到背鳍部分，竟是雪白粉嫩的脂肪，细腻粉酥，油香如羊尾，滑腻如雪糕。

这是强悍凶险的虎鳗身上肉吗？不可思议！

豆豉蒸虎鳗。

（张勇 供图）

沙蚕：

婚舞，海中的曼珠沙华

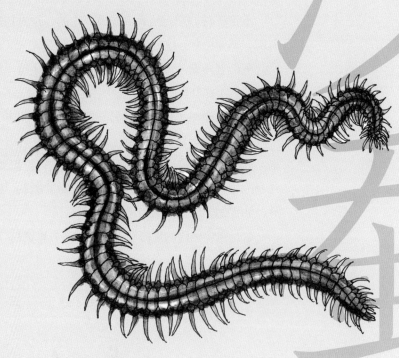

疣吻沙蚕

沙蚕，俗名海蜈蚣、禾虫、河虫、涂虫、龙肠、流蜞、琉蜞、海虫、海蛆、海蚂蟥、海曲伸、水百脚、沙钻、海引等，广布于太平洋、印度洋及大西洋海岸，我国有八十余种，东海常见的是光突齿沙蚕（*Leonnates persica*）和全刺沙蚕（*Nectoneathes oxypoda*）等十余个优势种。网捕最多者为疣吻沙蚕（*Tylorrhynchus heterochaetus*）、多齿围沙蚕（*Perinereis nuntia*），皆属环节动物门多毛纲叶须虫目沙蚕科。大型者多为矶沙蚕目。

蚵海边团没有不识海蜈蚣的，它是万能鱼饵。在潮间带沙泥交汇处，尤其是污秽恶臭的地方，总有它。污水口下，翻开石块，就会看到它们盘踞交缠，狰狞而粗肥。

一

海蜈蚣正名叫沙蚕，太溢美了。用蚕比喻它的节状软体，略近形象。若论给人的恶心感觉，还不如海蛆、海蚂蟥神肖。

它长可达数寸，确实像蜈蚣，形体怪异，龇牙咧嘴，须毛怒张，扭动起混杂惨绿、猩红、怪黄的胴体，密密的环节泛出奇光异色，体侧连排的爬行足蠕蠕晃动，十分骇人。

早年钓鱼时，捏着黏糊糊的它，掐断，把冒白浆的虫段套入鱼钩，是需要勇气的。蛮横海边团如我者，初次掐它，内心也会惊栗。

四十多年前我到滨海农家采访，主人好客留饭。主食是炒米粉，炒米粉的佐料除胡萝卜丝、包菜丝之外，还有看似金针的焦黄菜段，异常香鲜，咀嚼起来滋味深长。

问是何物，主人说沙蚕。

"海蜈蚣?！"

"对，海蜈蚣。晒干了，油炸。"

那狰狞恶心之虫，竟是可心美食！禁不住下箸，心里还是发毛。

在淡海水交汇的九龙江口，此物尤多，名称涂虫、河虫。每年夏秋，渔民挑桶沿街兜卖，一斤就几分钱，是平民的廉价美味。涂虫扭动体节，舞爪张牙，吞吐涎沫，发出细微叫嚣，颤抖细密疣足，依桶壁攀行。

阿婆阿婶买回家，在盆钵洗净滗干，加少许酱油搅动，生殖腺成熟的涂虫肥腹绽裂，白膏绿膏淌出来。煎熟后，锅底一摊黄白如煎蛋。孩童放学回来，大人说是煎蛋，香喷喷，食不绝口之后，方据实以告：涂虫也。

民国《厦门市志》记载的食法复杂些，"以杵臼舂去其腹中细肠，洗净爆干。食时以油炒之，酥而甘，亦佳馔妙品也"。

莆田一些地方端午节须吃炒面，而炒面里须有海蜈蚣。渔妇跋涉在烂泥涂上，寻到洞口，即以密篦斜戳下去，卡插其头，然后徐徐拉出，那是大型海蜈蚣。《异鱼图赞补·闽集》引述《渔书》的描述，"穴地而处，发房饮露，未尝外见。取者惟认其穴，荷插捕之，鲜食味甘，脯而中俎"。脯而中俎，意思是晒干了可充祭品。

闽江口美食，油炸"流蜞"
——疣吻沙蚕。
（莫晓敏　供图）

平潭岛西沙滩，也盛产大型沙蚕。当地人挖来后，放到淡水里吐沙，以一根筷子从尾孔插入，翻出污物。晒干了，金黄而透明，号"龙肠干"。用它炖汤，色白如牛奶，味道鲜美，是当地华宴珍肴。一束龙肠干，即走亲戚的贵重手伴。

晋代郭义恭在《广志》中说，沙蚕"得醋则白浆自出，以白米泔滤过，蒸为膏，甘美益人"。聂璜《海错图》记述，"以油炙于镬，用酽醋投，爆绽出膏液，青黄杂错。和以鸡蛋，而以油炙，食之味腴"。这应是偏好酸味的福州吃法。

福州称它流蜞、琉蜞，赋味方法更多，不只加醋，也可以用酸甜的老酒炖食。常见的是将它剪碎，与少许蒜一起捣烂，拌蛋液煎或者炖，煎的香醇，炖的鲜滑。或者整只洗净煲黄豆、绿豆，鲜甜中伴着豆香。还有以油煎干后装瓮，据说能存一年，越久越脆，吃时油炸，用之下酒，别具风味。

龍腸亦撫毛之螺虫也生海塗中長數寸紅黃色如蚯
蚓縮泥中海人用銅線紐鉤出之拚去泥沙中更有一
小腸如線心去之煮為羹味清肉脆晒乾亦可寄遠為
珍品一種沙蠶形味與龍腸相似又有一種似龍腸而
粗紫色味胜龍腸曰官人不知何听耶意予曰其狀與
龍腸同不更重繪夫裸蟲三百六十屬其數雖多亦有
听統則人為之長人亦一蟲也特靈於蟲耳職方外紀
載西洋有海人男女二種通骵皆人男子鬚眉畢具特
能笑而不能言亦能飲食為人後常登岸被土人獲之
又云一種魚人名海女上骵女人下骵魚形其骨能止
毒在身者王嘗熟之以試使臣有恠識者食之合肉耆
人驚異之又載東海有海人魚大者長五六尺狀如人
眉目口鼻手爪頭面無不具肉白如玉無鱗而有細毛
五色軟長一二寸髪如馬尾長五六尺陰陽與男女
無異海濱鰥寡多取得養之於池沼交合之際與人無
異亦不傷人他如海童海兒更難數心不易盡言
螺蟲之長特舉其緊萬物皆祖於龍諸裸蟲總以龍統
之可耳字彙魚部有魸字特為人魚存名也

龍腸贊
世間絕藝
莫如屠龍

聶璜还画了一种海蜈蚣，称作龙肠。他说还有一种紫色的，"味胜龙肠，曰官人"。难为他，沙蚕的品种实在太多了。

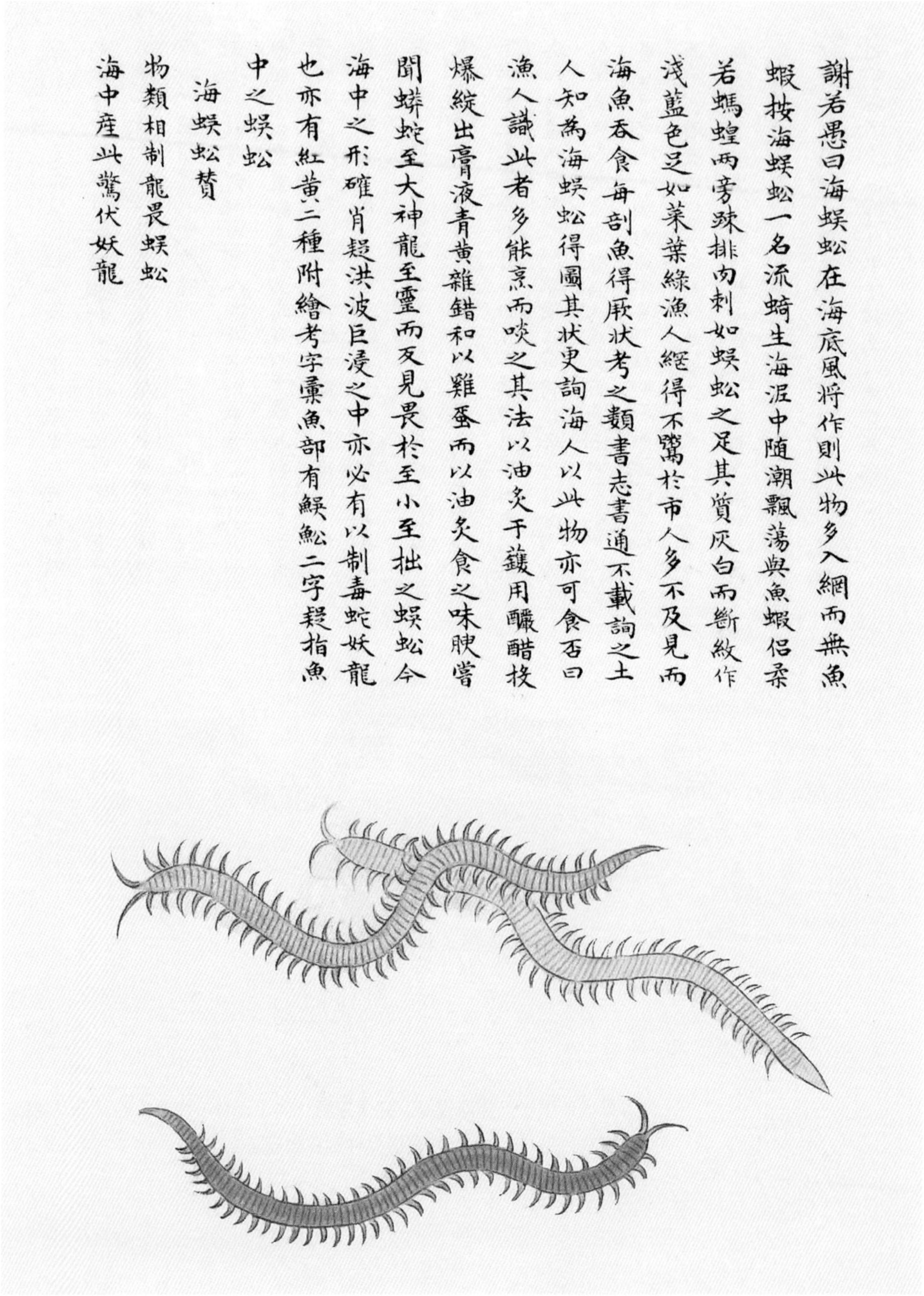
謝若愚曰海蜈蚣在海底風將作則此物多入網而無魚
蝦按海蜈蚣一名流𧍧生海泥中隨潮飄蕩與魚蝦侶柔
若螞蝗兩旁跦排肉刺如蜈蚣之足其質灰白而斷紋作
淺藍色足如菜葉綠漁人經得不鬻於市人多不及見而
海魚吞食每剖魚得厥狀考之類書志書通不載詢之土
人知為海蜈蚣得圖其狀更詢海人以此物亦可食否曰
漁人識此者多能烹而啖之其法以油炙于鑊用釀醋挍
爆綻出膏液青黃雜錯和以雞蛋而以油炙食之味腴嘗
聞蟒蛇至大神龍至靈而反見畏於至小至拙之蜈蚣今
海中之形確肖疑洪波巨浸之中亦必有以制毒蛇妖龍
也亦有紅黃二種附繪考字彙魚部有鯃⿰魚公二字疑指魚
中之蜈蚣
海蜈蚣贊
物類相制龍畏蜈蚣
海中產此驚伏妖龍

聂璜在《海错图》里画了青黄红三条海蜈蚣，题注里说，“一名流𧍧”。

𧍧字，《康熙字典》标注读音如即。

东莞名菜——禾虫煎蛋。
（张新民 供图）

福州馆子本有"炒龙肠"一品，颇有名。后来离海渐远，沙蚕接续不上，用鸭肠充数，味道相去甚远，慢慢就无人问津了。

闽浙交界的福鼎点头镇，沙蚕菜式多种多样：剖肚洗净的沙蚕，用来凉拌、油炸、煮汤、干炒。经典菜式是海蜈蚣煮酸菜，鲜酸可口，风味独特。往北到浙江苍南、平阳、台州，蒜香海蜈蚣也是名菜。

北方至少山东沿海，也吃这种扭动爬行的海虫，取其动态命名"海曲伸"。吃法更简单：汆过，掐头，直接蘸蒜泥、酱油、醋合成的调料吃；或者切碎了炒蛋吃。青岛人感叹说，太鲜美了。

海蜈蚣的食霸依然是广东人，珠江口的中山斗门、珠海神湾盛产这俗名为禾虫的珍味。当地名菜瓦钵焗禾虫，用油香扶托它的异香。禾虫被倒进瓦钵喝饱花生油了，裂开爆浆，蒸熟香鲜四溢。

在东莞，禾虫统率名小吃"三禾宴"（禾虫、禾花雀与禾花鲤），并且烹法不断出新，生炒禾虫、禾虫煲莲藕眉豆汤、禾虫炒饭……最近流行禾虫拌料做肠粉。

越南的河口城镇，街头摆卖小吃"河蠕虫饼"。把海蜈蚣放盘里，撒盐，用筷子与汤勺搅扯，再加肉末、鸡蛋、香菜和橘子皮条。拌匀了，倒平底锅，摊煎成比萨饼模样，和广东吃法大同小异。

从华北、东南半岛到太平洋、印度洋，沙蚕的食用史可能和当地南岛语人群的生活史一样悠久。鲜吃之外，也有晒禾虫干、做咸禾虫饼、腌禾虫酱等各种做法，堪称"海蜈蚣文化"了。

查翻了一堆典籍，才知道曾经食物不足的中国人，很早就食用这鬼物，唐代起间有记载。

明代《闽书·闽产》说，"泉人美谥曰龙肠"，也有称凤肠，澎湖叫它龙虫。

清代施鸿保《闽杂记》里把它写作"雷蜞"，应是流蜞的别称。

清《漳州府志》记："河虫状似蜈蚣，故土名海蜈蚣。有五色，尝于秋月夜乘潮而上，土人截而醢取之，以供馔甚美，且补血。"

对这鬼物描述最详细的，是清代著名儒医赵学敏。他在《本草纲目拾遗·虫部》中记录了它与水稻共生的习性。"禾虫，闽广浙沿海滨多有之，形如蚯蚓。闽人以蒸蛋食，或作膏食，饷客为馐，云食之补脾健胃。粤录：禾虫，状如蚕，长一二寸，无种类，夏秋间，早晚稻将熟，禾虫自稻根出。潮涨浸田，因乘入海，日浮夜沉，浮者水面皆紫。采者以巨口狭尾之网，系于杙，逆流迎之，网尻有囊，重则倾泻于舟。"

赵学敏的描述与我在九龙江河口的调查完全相同。

禾虫之所以在早稻、晚稻将熟时"自稻根出"，乃彼时稻田必须排水控蘗、精饱稻粒。已经适应这种农事规律的禾虫，也性成熟了，顺水入海繁殖。

被挖掘出来的海蜈蚣。这类潮间带常见种一般长 10 厘米以内。沙蚕体呈长椭圆柱形且稍扁，两侧对称，后端尖。整体由头、躯干和尾部组成。躯干有许多刚节，各节两侧有一对外伸的肉质扁平疣足凸起，足上有刚毛。疣足多为双叶型，具有游泳和爬行功能。刚毛有毒腺，皮肤被刺到会红肿、疼痛。

老人说，尤其在农历九月半的天文大潮，海水漫入晚稻田、草甸、沟渠，禾虫泛起，浊水里到处浮游这鬼物。渔民在沟渠涵口设网兜捕，一天能捕几十上百斤。

晚清闽人梁章钜诗记："流蜞风味少人知，水稻菁英土脉滋。梦到乡关六月景，千畦潮退雨来时。"（《敬儿寄流蜞干》）它歌咏的是随雨乘潮入海的早稻田沙蚕美味。

沙蚕有十几科四百多种，皆喜栖息于海淡水交汇的潮间带沙泥中。而能进入淡水稻田的仅有两种，即疣吻沙蚕和多齿围沙蚕。

梁章钜显然很欣赏龙肠，他的《退庵诗存》还保留了另一首赞歌，"麟脯名虚潊，龙肠品实妍"（潊，音为sù，义同溯）。

丁若铨在19世纪初所撰《兹山鱼谱》里记录的海蚓。

许多种沙蚕临近生殖会有体态变化：内脏萎缩，身体某段膨大为有性节，刚毛变成桨状，躯体充满精卵。体色也变化了，雄虫背黄绿而腹乳白，雌虫背蓝绿而腹黄绿。皆通身斑斓鲜艳，犹如奢华婚服。它们等候着月圆之夜，上升海面，在那里举行大婚交欢仪式，绽裂身躯，弥散配子，迅即死去。

——也就是说，婚礼，也是葬仪。

惨绝人寰啊！

它们当然不放过这销魂时刻。阴惨惨的月光下，千千万万幽灵般的沙蚕，为情欲与哀伤所激奋，倾尽全力扭动躯体狂舞，多条雄虫围绕着雌虫回旋欢腾，激起无数圈微小涟漪。那是海洋里的曼珠沙华，盛开于阴阳两界交接处的彼岸花。

辽阔洋面上，一年年上演这炽烈的生死交替之舞！亘古不变的海浪律动不息，潮声有似助歌，不知是赞颂，还是悲吟。

有些种类在洞穴里交配，雌虫排卵后即死，遗体为雄虫所食，他必须承担孵卵义务——这是极残忍但也无可奈何的社会分工啊。

矶沙蚕不玩殉情、捐躯养儿的路数，随着性细胞成熟，它们躯体的后三分之一膨大为有性节，雄性呈深粉红，雌性为灰绿。秋天下弦月出现的夜末，有生殖功能的这一小截被扭断，如长管气球浮升。当黎明第一缕阳光射出，水面所有"气球"一齐爆开，精子或卵子迸放出来，混合受精。而深藏在珊瑚礁海底洞中的前半段，开始生长新的尾端。

漂浮海面上的万万千千破气球，被波利尼西亚群岛的人们捞起，变成餐桌美食。

三

营生于稻田的沙蚕，在农药、化肥大量施用后就消失了。四十多年前，精明的福清人开始人工养殖沙蚕，出口日本、韩国做鱼饵。

2017年春天，我在霞浦参观了沙蚕养殖示范基地。养殖户说，它们清明、中秋左右各繁殖一次。成熟的个体会泛游水面，寻找配偶。一年收获两次，用作养殖对虾亲虾及其幼虾的饵料——变换形态，绕一个圈子进入人类肠道。

禾虫在广东被捧为"水中冬虫夏草"，身价因稀少而飞升，三百元一公斤的天价挡不住饕客吃虫的心。网上有人说，每到禾虫季，怎样能买到新鲜的禾虫，成为家庭会议的重点。这些嗜食者回应说，那一口爆浆的快乐你不懂。膏量爆满、新鲜肥美的，能吃到就是运气好。

天价禾虫推动了人工养殖，凡事敢为天下先的广东，多地开始规模化养殖。一则报道说，自20世纪90年代，珠海斗门开始人工围滩养殖禾虫。近年，平均亩产达到150~200斤。养殖者说，收成时，凌晨就有收虫的中介在等候，每斤售价130元，斗门莲洲镇为此获评中国第一个"禾虫之乡"。

科技人员也瞄准这个产业。广东阳江职业技术学院一位教授突破禾虫人工繁殖技术，创建"有机虫"综合种养模式，大大延长了禾虫应市季节，从农历五月到十二月，都可以收获上市，并可依市场需求供货，从此禾虫迷能长时间品尝那口奇鲜了。

海蜈蚣——让我这海边囝小心脏颤抖的鬼物，竟成了餐桌奇珍，恍如魔梦！

厦门文史前辈龚洁有几十年钓龄，同席吃饭，说起海蜈蚣，他立时兴奋起来。

"一条一尺来长的东西，俯仰泅游穿浪过来。网起一看，竟然是硕大的海蜈蚣，大拇指一般粗肥。本欲留作钓饵，渔民说不行——太粗了，肠液太多，鱼钩挂不住。不过它是那么肥嫩啊，于是在船上用白水烧汤吃。那个鲜呀，就打我三个巴掌，也不吐出来！"

他说的是一种大型海蜈蚣，土名岩虫，属矶沙蚕科，两端有目，《异鱼图赞补·闰集》称其"土穿"。岩虫之红色者，叫红沙蚕；莹绿者，叫青沙蚕。

朝鲜李朝贬臣丁若铨所撰《兹山鱼谱》，记录海引"长二尺许，体不圆而扁，似蜈蚣，有足细琐，有齿能咬，产于卤地砂石间，取作鱼饵极佳"，我想应该是矶沙蚕。

沙蚕还有多目多科品种，分布于太平洋、印度洋及大西洋沿岸的烂泥、滩涂、沙滩、岩隙、珊瑚礁，从河口到深海，巨大者体长七尺。

乌贼：
冤案是这样铸成的

日本无针乌贼

我国主要乌贼品种有：日本无针乌贼（*Sepiella japonica*），俗名目鱼、墨鲗、乌鲗、麻乌贼、花粒子、疴血乌贼、血墨；金乌贼（*Sepia esculenta*），俗名乌鱼、墨鱼、乌子、针墨鱼、海螵蛸；长腕乌贼（*Sepia longipes*）；拟目乌贼（*Sepia lycidas*）；白斑乌贼（*Sepia latimanus*）；虎斑乌贼（*Sepia pharaonis*）。后四者俗名鲗、乌鲗、缆鱼、算袋鱼、何罗鱼，均属软体动物门头足纲墨鱼科。

四盘耳乌贼（*Euprymna morsei*），耳乌贼科四盘耳乌贼属，俗名墨鱼豆。

乌贼，闽南叫它墨贼，也称墨鱼、乌鲗、墨斗鱼、目鱼……怪异的是，这"黑道贼货"还有一个圣洁的别名——桐花鱼。

屠本畯《闽中海错疏》说："乌鲗，一名墨鱼，大者名花枝，形如鞋囊，肉白皮斑，无鳞八足，前有两须极长，集足在口，缘喙在腹，腹中血及胆正黑。背上有骨洁白，厚三四分，形如布梭，轻虚如通草，可刻镂，以指剔之如粉，名海螵蛸，医家取以入药。古称是海若白事小吏，一名河伯从事。"

古人早审查了乌贼的家世，"乌入水化为鲗"。乌鸦就不是好东西，投胎海里变出来的又是"黑五类"。这种前世今生皆黑者，造化好，职业要么是给海神当理丧小吏，要么是河伯的跟班。

——

此君的"贼化"定性，源于荒谬的办案思维。

乌贼有一肚子黑金之墨，丹青妙手聂璜惋惜说，"一肚好墨，真大国香，可惜无用，送海龙王"。

一肚好墨，不用以书写皇皇典籍，那就掷还老龙王算了。偏是有人举报，它竟被拿去作奸犯科。元人周密《癸辛杂识》透露了作案手段和定性情节："其腹中之墨，可写伪契券，宛然如新，过半年则淡然无字，故狡者专以此为骗诈之谋，故谥曰贼云。"

这里有逻辑问题。

它的墨，被人拿去作案，算它的罪？那么木匠用它的墨弹线，削柱锯檩造屋，房子归不归它啊？

它不单不是犯罪行为主体，近年更有学者证明，乌贼墨涂纸上，十几年还不变色！如此看来，"过半年则淡然无字"的技术鉴定也不成立。

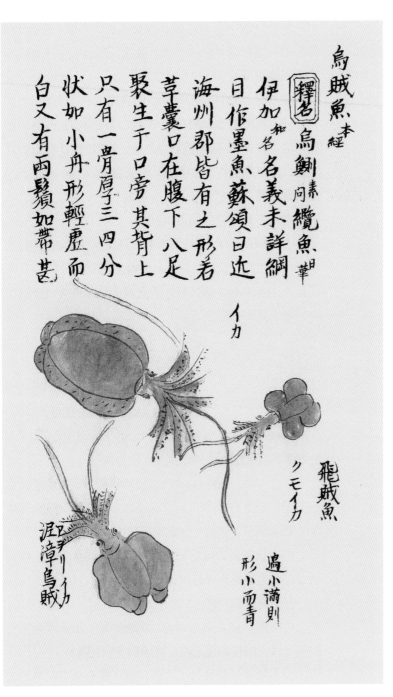

烏賊魚 本經

【釋名】 烏鰂 問素 纜魚 華
伊加 和名 名義未詳 綱
目作墨魚 蘇頌曰近 イカ
海州郡皆有之 形若
草囊口在腹下八足
聚生于口旁 其背上
只有一骨厚三四分
狀如小舟形輕虛而
白又有兩鬚如帶甚

飛賊魚
クモイカ
過小滿則
形小而青

泥章烏賊
スルイカ

乌贼凭什么堪充白事小吏？江户时代神田玄泉完成的日本首部鱼介类
图谱《日东鱼谱》，引述中国古说，"怀墨而知礼也"。

232

若说"变色"是指它的花纹与色彩，那倒成立。乌贼和章鱼一样，抛下贝类重壳后，就用虚拟壳——体色保护自己。

孵化中的乌贼卵宝宝，就能变色。大乌贼能瞬间让体内数百万个色素细胞、反光细胞协同变色。它也善模仿，科学家给看不同环境的照片，它即当背景融入。

它的肌肉纤维和色素细胞配合，做三维变形：寄居蟹、珊瑚或剧毒鱼……雄乌贼追雌竞争中若有同性靠近，即色分两面：朝雌性一侧更卖力地炫耀雄性光彩，另一侧装成雌性避免敌视攻击。

它也能喷墨逃命，把对手罩得云里雾里，自己倏然消失。《埤雅》载："此鱼每遇渔舟，即吐墨染水令黑，以混其身。"渔人见黑则下网，"欲盖弥彰，思存而亡"即由此而来。

捕食时就厉害了，它会播放高速闪光动画，让猎物眩晕到发呆、瘫痪。

乌贼与"凸头"（闽南话，兼有圆脑袋、滑头之意）章鱼不同的是，章鱼为挤入上流社会，极力消除底层出身的印记，把贝壳缩为口里一对小到近乎无的角质颚。

乌贼还未彻底忘本，将贝壳变成船形的石灰质内骨骼，靠这内骨支撑，能强力射水，火箭般后退、逃命。

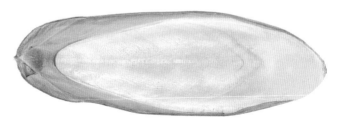

乌贼的石灰质内骨，中药名为海螵蛸。

（曾千慧　供图）

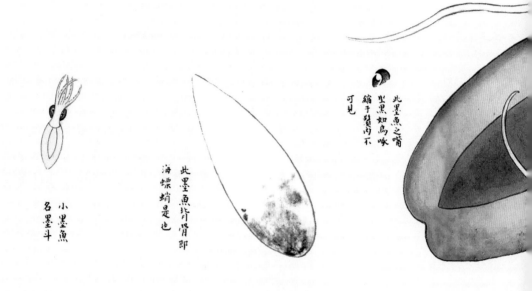

小墨鱼
名墨斗

此墨魚背骨即
海螵蛸是也

此墨魚之嘴
坚黑如鸟啄
缩于鬣肉不
可见

聂璜《海错图》里的墨鱼。他说乌贼能浮在水面装死，引乌鸟来啄食，再卷其入水而食，古人因此名之。不过后面又说，乌贼乃乌鸟所化。

东海常见乌贼有二十来种，民间认为花枝最好吃。

什么是花枝呢？

屠本畯说，"大者名花枝……肉白皮斑，无鳞八足，前有两须极长"。《泉州县志》说，"按墨鱼花枝有异，墨鱼尾圆，花枝尾尖，肉较嫩脆"。

不过符合标准的品种太多了，虎斑乌贼、长腕乌贼、细腕乌贼、曲针乌贼、神户乌贼、马氏乌贼，分别被各地渔民认定为花枝，所以无法定论。

二

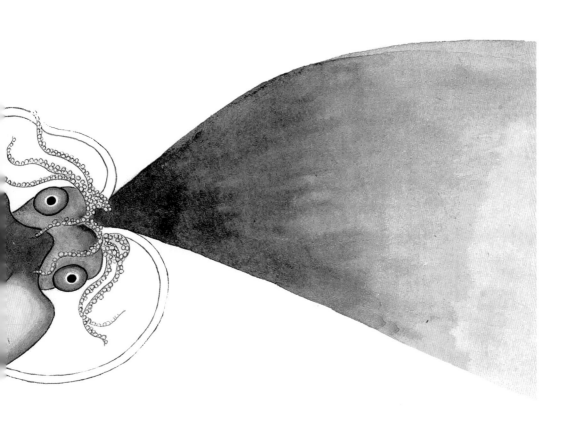

　　若以"肉白皮斑"为准，则虎斑乌贼符合。虎斑乌贼头短而宽，胴部卵圆，背上是弯曲交错的乳白波纹。

　　论漂亮，贼帮里首推金乌贼。我初次看到成熟的雄金乌贼活体时，震惊了。它通体金碧，金丝横纹随伸缩而漾泛辉光，全身闪烁金彩，顿感称它"乌贼"简直就是色盲。不过雌金乌贼，背上只有点状斑纹。

　　帮口里扮相最朴素的，是拟目乌贼。其他乌贼头上皆有一对飘扬舒展的长触须，它都略去，只留一丛短触须，形同菠萝冠芽，日本人叫它雷乌贼、瘤乌贼。到游

金乌贼，江户时代日本人称它舮头乌贼，即船头乌贼，忽略了流光溢彩的色相，也许是未见过活体。

（栗本丹洲《蛸水月乌贼类图卷》）

泳时，这丛"冠芽"会伸为长喙，与胴体长度相当，像以大眼睛为轴目的钝角圆规，两边肉鳍款款扇动，忽快忽慢地飘移。

中国最强盛的乌贼部落，是俗称"大种乌贼""真乌贼""正宗乌贼"的日本无针乌贼，东海最多，占我国所获乌贼九成。

似乎要印证模式产地的审美理念，它的褐色体表只点缀淡雅的椭圆白斑，如雪花飘洒，让我想起京都盂兰盆节日本女子在荷风里飘举的衣衫花纹。它连内骨后部

雄白斑乌贼，背上是白斑。

刚死的拟目乌贼。形似菠萝，眼睛样的斑纹，还闪闪发亮。

的针刺，也像人类尾骨，收进两腔，臀部曲线因此显得圆融。但日本渔民看它屁股像被烟火熏黑，还流出褐色汁液，称为烧尻乌贼；闽南渔民干脆叫它"臭屁股"。

白斑乌贼是贼族中体形最阔大者，长可达半米，重十公斤。它生活在温暖水域，生长迅速，性成熟早，生命周期短，资源转化率很高。

与白斑乌贼一样偏爱南方暖水的，还有雄猛的虎斑乌贼，它肉质脆、成长快，几个月就能长大到数斤，最大可达十斤，是优良品种，我国科学家早早瞄上它，十几年前开始人工繁育。

三

农历二月，海气回暖，平时在外遨游的乌贼，成群结队自南而北、由深到浅，缓缓向岸山依稀可见的近海移动，性腺慢慢成熟。

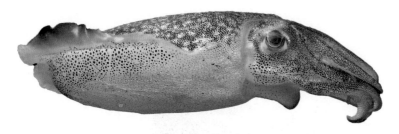

日本无针乌贼身上布满散斑，学者因此也叫它麻乌贼。

（张继灵　供图）

　　乌贼是性欲强烈的动物，其中又以三对长须飘扬的长腕乌贼为最。海人知它乃好色之徒，用四角敷网绑上活体，放下海，以灯光照射之，就有疯男狂女从四周扑来。

　　雄性长腕乌贼各展解数争雌，身须不停闪耀蓝绿荧斑，炫耀各自的婚装行头来博取芳心。

　　据说乌贼追偶行为的复杂程度，接近高等生物。比如金乌贼，雄鱼一靠近雌鱼，即从正面抓住它交配。撞上同性呢，就变换体色告诉它：别来！或示威：不服来战吧。雄多雌少时，争雌决斗十分惨烈，弱者被咬得落荒而逃。

　　你猜得出情场落败者的泄愤手段吗？

　　一腔爱欲难平的雄乌贼，会决然自断其带有精荚的腕足，放它漂流。这离体之腕，一遇雌性，就紧紧吸住，钻入它的外套膜交配。它的远亲锦葵船蛸的所有雄性，全赖这种绝技传宗接代。

　　听来就像神话！

　　我闻之骇然震动。这不是有自控性别寻导功能的生物导弹吗？宜乎成立一个"三炮部队"来模仿这种能追踪生物激素的新型制导武器。

产卵季节，游到近海的雌性乌贼，四处寻找礁石壁岸或树枝海藻。一旦认准后代托身之地，就用腕足吸盘全力吸住，在浪潮中固执地把卵浆排下。浙江渔山列岛是著名乌贼产卵场，立夏前后，产卵的乌贼密密麻麻吸附于岸壁礁岩，渔民称之为"驻岩"，把岩面都"染"黑了。大部分头足类动物，一生仅一次交配，交配后就死亡。毕生奋斗都是为这一瞬间啊。

不幸的是有时卵未排完，头颈和胴体就被狂风暴浪折断。那时节，在浪潮平缓的海湾，例如厦大白城海滩，覆满海潮冲上来的母乌贼，身首分离，白茫茫一片，印证了那个鲜为人知的圣洁别名"桐花鱼"。

闽南老人伤心感叹道，乌贼为囝死呀！

那么多死乌贼，白花花覆盖海湾，如收获时犁开的番薯田，用筐用桶去挑就是了。漳州海边人看了，干脆唤它"海番薯"。厦门大嶝岛渔民说，四月最多，一天能拾一二十斤。偏是气候多雨，只能埋草木灰里吸潮，晴天再晒。那东西放几天就发臭。不过越臭，晒后越容易炖烂呢。

当年生的冬墨已经有生殖力。
（廖荆明 供图）

葡萄串般的乌贼卵慢慢膨大，到农历六月孵出一群群呆萌的"小贼头"。

十一二月，长到拳头大小的新墨，自北而南，往水温较高的外海深水越冬。相对它们的父辈"春墨"，被称为"冬墨"，大的个体有三四两重，已经怀卵，它们是来年第一波播种的亲鱼。

<big>四</big>

潮汕，还保留了闽南语系人群数百年前对乌贼的尊重。乌贼和现代人不屑一顾的乌仔鱼（正鲻）之类，在渔业尚未发达的时代，都属大宗沿岸渔获，古人用以孝敬祖先。

乌贼体肉晶莹雪白，各地沿海最寻常的做法是，把皮剥了，划花、切块、炒韭菜、炒茭白等，味道有如颜色，白白绿绿，清爽脆口。凉拌、熘、炖、烩，诸般手段都可以上场。

乌贼中，花枝肉最脆。闽人喜欢用它打丸子，就是赫赫有名的"花枝丸"，配上茼蒿做汤，鱼丸的弹韧爽脆和春菊的郁烈香气，堪称山海协作典范。

前些年流行过墨鱼面。餐馆把通常摘弃的墨囊用来制面，赶了黑色食品的时髦。乌金闪亮的黑面条配上雪白的卷花鱼肉，翠绿、嫩黄的各色配菜，明艳耀眼。真是惠而不费。我不知这种创意，是否受了意大利菜墨鱼面的启发？意大利墨鱼面，是实实在在把小墨鱼打成浆，用来和面，名副其实。

墨鱼汁实乃贵重物质。其中的黑色素，是从酪氨酸衍生而来的。而酪氨酸像许多黑色食品一样，有抗氧化和抗菌能力，"一肚好墨"原来是用来化人的啊！

除了这些大个子，乌贼里也有小型者，例如四盘耳

爽脆捞汁墨鱼仔。
（侯佩珊　供图）

四盘耳小墨斗。
（曾伟强 供图）

乌贼，长仅盈寸，俗名通称墨鱼豆、墨斗米，北方叫它小马马。京城大吃货刘岚在群里说，这东西好吃，经济实惠。但是只能买小船货，随大拖网上来的都混泥沙，难洗干净。做法倒简单，可与春韭同炒；也可汆熟，盖到蒸蛋上，再泼热油；还可煮面，凉拌，煮汤……

乌贼的干品、半透明的淡鲞，即大名鼎鼎的螟脯，如今价格不菲。螟脯烧猪肉是华南沿海省份山区乡宴的压轴硬菜，宴席档次的铭牌。

制干的副产品中，雄性生殖腺干品叫乌龟穗，煮熟后坚实好吃。而雌鱼卵腺干品即"墨鱼蛋"，为食材二十四珍之一。清代美食家袁枚极欣赏它，称其为最鲜但也最难服侍的食材，"治之不得法，则腥而且硬"，要"滚透，撒沙去臊，再加鸡汤、蘑菇汤煨烂"，方得其妙味。

乌贼余下的内脏，重盐腌做风味食品，俗称墨贼膏。它与鱿鱼膏和其他鱼杂腌品一起，称鮧鮧，堪当江南沿海平民往昔的"压饭榔头"。日本酒肴盐辛——绰号"酒盗"，也是这东西，它的胆固醇、激素含量都高。

沈括《梦溪笔谈》记载："明帝好食蜜渍鮧鮧，一食数升。"按现今养生观念去想，一次就吃几斤鮧鮧，宋明帝必定早死无疑。

一查帝王纪年，果然只在位七年。这刘彧色胆包天，虽不似商纣王那样搞酒池肉林，却也首开中国宫廷裸女表演，"上宫中大宴，裸妇人而观之"。鮧鮧所含雄激素确乎太多了。

241

江珧：
大饕李渔入闽之恨事

羽状江珧

　　江珧常见数种：栉江珧（*Atrinapectinata*），中国江珧（*Atrinachinensis*），旗江珧（*Atrina vexillum*），羽状江珧（*Atrina penna*），为莺蛤目江珧蛤科曲江珧蛤属。黑紫江珧（*Pinna atropurpurea*），二色裂江珧（*Pinna bicolor*），多棘裂江珧（*Pinna muricata*），为同科江珧蛤属。囊形扭江珧（*Streptopoinna saccata*），为同科扭江珧属。它们俗称江珧蛤、玉珧、马颊、马甲、马刀、牛角蛤、带子、牛角蚌、玉帚贝、海扫帚、杨妃舌、海刺、土杯、海蚌、大海红、海锹、角带子、老婆扇。

　　野生栉江珧现为福建省重点保护水上野生动物。

栉江珧，小头宽尾，像黄牛角，一边平直而另一边如弓弧。自小头端放出一条条射线状纵肋，复以一道道生长轮纹做纬线穿编，世人称其带子，潮汕人叫它杀猪刀。文士不轻易就俗，见肉体明润如玉，雅称其江瑶。

江珧狭小的壳尖插入泥沙，壳尾露出地面。在水流畅达的海床，它们也会丛立，随水流轻摆，仿佛樯橹如云挂帆齐发。

它的粗糙外甲上沉积沧桑。幼小的江珧，壳色银白或淡黄，长大了是绿褐、淡褐或褐色。老来如人类皮肤色素沉淀，变黑褐色。不过壳内里的珍珠光泽则愈加光亮，自错裂壳尾闪射出来。

苏轼在杭州被它的滋味魅惑了，忽发奇想，写了《江瑶柱传》，以它在各地的俗名来编排谱系消遣："生姓江，名瑶柱，字子美，其先南海人。十四代祖媚川，避合浦之乱，徙家闽越……媚川生二子，长曰添丁，次曰马颊。始来鄞江，今为明州奉化人，瑶柱世孙也。"

福州人徐𤊹补写《闽中海错疏》时说，"江瑶壳色如淡菜，上锐下平，大者尺许，肉白而韧，柱圆而脆。沙蛤之美在舌，江瑶之美在柱"。沙蛤之舌即西施舌。徐老先生把江珧柱与西施舌相提并论，足见它的地位。

清初周亮工点评福建海味："画家有神品、能品、逸品。闽中海错，西施舌当列神品，蛎房能品，江珧柱为逸品。"（《闽小记》）

古人识见，今人不一定认同，但相差不远。

甲骨文里，贝字最早的写法，是一对张开的贝壳，中间一道闭壳肌，而不是贝肉，很有意思。是为了简要突出张合的机理呢，还是考虑构图美观，或察明有些贝类美在其柱？无法推知。

而且闭壳肌只一道，而不是后来的两道，显见当初描摹对象是贝族主流，即单柱闭壳肌贝类，例如扇贝。

江珧偏偏是少数派，它有两柱闭壳肌。

甲骨文中的"贝"字。

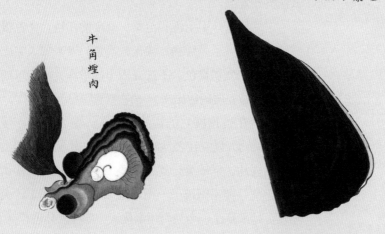

牛角蟶產福寧州海塗其色
其狀望之絕類從比然者康
熙己卯四月四日海人持牛
角蟶贈予予見之大快其殼
暑如馬頰柱而紋各異活時
張開其肉五色燦然而兩肉
釘連其殼一連於上近外而
小一連於暖如柱而大其中
肯次細微不能辨乃蒸褻胶
約如淡菜嚼而香兩釘大
小白色者兩圓物紫色如彈
是其血囊其色黃楮淺相
錯雖善畫者難繪當之其味
麻口而辣如蓺螺然而最異
者有毛一肤其細如絨而多
似乎漾出海潮粘取虫魚縮
進則食之九鞠脚皆有
毛可以張弛多就潮水取細
虫以食之以知此蟶亦然但
知蟶甚繁而細疑類為毛不
此毛甚繁而細疑類為毛不
知何為所化故僅存其圖興
說以俟後有博識者辨之
惟角蟶贊
泥牛入海都無消息
惟角蟶其肉五色

牛角蟶肉

聂璜《海错图》里画的"牛角蛏"，背缘挺直而腹缘尖凹然后宽展，应
是栉江珧。

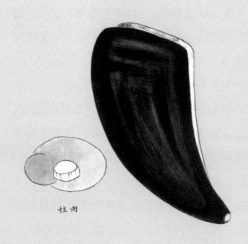

柱肉

《海错图》里江珧和贝肉上凸
起的白色肉柱。

江珧的两柱闭壳肌，价值不相同。

靠壳尖的上闭壳肌，比较小，呈长椭圆形；位于贝壳中部的后闭壳肌，略呈圆形，直径竟达体长四分之一，重量占体重五分之一，"大如象棋，莹白如玉"（聂璜《海错图》），乃江珧的价值之柱，称"江珧柱"名副其实。

两块闭壳肌干品也都称干瑶柱，与扇贝的闭壳肌干品，通称干贝。

20世纪80年代初，惠安亲戚来做客，送一斤干瑶柱，我才知道南北货里有这种奇珍。此后一两年，来了贵客，母亲就有一碗江珧萝卜汤，作为家馔脸面。

明代东山岛设铜山卫所，将士后代循古称江珧为马甲，复依表面滑亮程度分为粗甲、油甲。数百年来，当地渔人只见露于泥滩者，却不知岛西南深水岸下，成片马颊遗世逍遥了几千年。

四十多年前，广东人携先进的潜水装备，一路寻宝而来，到东山深水觅得了宝藏，偷偷潜捞，悄悄出口。残次的在本地卖，小者一个也得一两块钱——当时猪肉一斤也就一块来钱呀。

内表弟给他们供应船上生活物资，知道秘密。但是没有深潜数十米的设备，只能干瞪眼。

就那年，内表弟结婚，舅舅把小幺的婚礼办得十分隆重。闽南婚宴通常十二道菜，十八道菜就少见，这场婚宴出了三十六道菜，穷尽东山一时珍味。就说鱼吧，黄翅都没资格上，黄花鱼、斗鲳、红口鮸……一样样如流水地来，满堂亲友个个撑得叫莫再来。

最后，主人说怕还有人未吃饱，上了一道咸粥：鲜江珧柱煮早米。粥里一半是瑶柱，撒点盐、芹珠、葱珠而已。

稀罕之物！撑得走不动的亲友，就是撑痛肚子，也要尝一口鲜啊！

栉江珧顶部是固着丝，背缘平直，腹缘弯曲。放射肋上的人字状小棘，会渐变为圆粒状突刺，成熟后褪净。

出席的县宾馆头牌大厨说：今天的江珧，比我一个月招待用的还多！

那些江珧，是广东人送内表弟婚宴用的。之后，江珧在东山基本绝迹，那帮广东人扫荡得太彻底了。

中国戏剧理论鼻祖、清代食色大家李渔，在《闲情偶寄》里说，"海错之至美，人所艳羡而不得食者，为闽之西施舌、江瑶柱二种。西施舌予既食之，独江瑶柱未获一尝，为入闽恨事"。

江珧分布颇广，主产于粤闽，但一直分布到黄渤海、日本。李时珍都知道"奉化县四月南风起，江珧一上，可得数百"（《本草纲目》）。我不知长居金陵、杭州的李渔，何以没就近寻味，可是为闽产虚名所惑？

李时珍对江珧评品细致，"肉腥韧不堪。惟四肉柱长寸许，白如珂雪，以鸡汁瀹食肥美。过火则味尽也"。现今酒楼、排档做江珧，常见菜是"蒸带子"，把江珧肉剔下后，铺上熟粉丝，浇上佐料，我都还有"肉腥韧不堪"的感觉。

最好吃的到底是瑶柱，色白晶莹，味道甘美，肉感嫩脆。涮、蒸、爆、炒，或做刺身皆宜，唯不可久煮，久煮筋韧。

许多海鲜山货，鲜吃不如干吃，江珧也算典型一例。江珧柱晒干过程中，蛋白质分解出了有机酸类鲜味物质，主要是琥珀酸及其钠盐。琥珀酸二钠，又名干贝素，即其中主要的鲜味成分，能化出混有植物干品气息的香醇。

现在市面上有用小扇贝的贝柱来顶替江珧柱的，前些年更夸张，用鲨鱼肉印成一块一块肉柱来冒充。行内

粉丝蒸带子，是最常见的江珧料理方法。
（马语 供图）

好的干贝，个头大，色泽黄，纹理清晰，坚实饱满，气味香浓。粉粉
嫩嫩，颜色很浅或发黑，满身白霜，是糖、盐浸泡过的。

人明白那是"李鬼"，纹理、质地先不说，好的干贝手感
干爽，会飘发独特的韵香。

贝柱的上上之品，乃日本北海道和青森的虾夷扇贝，
干品别称元贝。20世纪90年代后我国北方也引进虾夷
扇贝养殖，不知贝柱滋味是否还如寒冷的北海道？

现今餐桌上的鲜江珧俱是养殖的，野生栉江珧乃福
建省重点保护野生动物。海洋研究者最近在厦门岛潮间
带等地发现大量自然繁生的多种野生栉江珧，是否某一
天，它能从名单上删除呢？

加网仔：

皮氏叫姑鱼

　　台湾海峡常见的加网仔主要有三种：海加网，中文名皮氏叫姑鱼，学名*Johnius belangerii*；山加网、乌加网，中文名条纹叫姑鱼，学名*Johnius fasciatus*；大鼻孔叫姑鱼，也叫大吻叫姑鱼，学名*Johnius macrorhynus*。均属石首鱼科叫姑鱼属，俗名还有沙鱼戚、尖头鱼戚、黑耳津、叫吉子。

一

加网仔，是华南沿海人熟悉的小杂鱼。

横亘于厦门本岛和鼓浪屿之间的鹭江，澄碧潮流下有几处深水，是加网仔的盘纡之所。渔谚说，"鱼吃流水"，加网仔喜欢追猎，水波不兴，鱼饵在眼前它也不吃。

老海脚团林聪明早年也在这一带觅食，潮水急时，布下带几百门鱼钩的延绳钓，一次收绳，常有几十条加网仔。

东海的加网仔，说来有三种。

一种灰黑瘦长，生活在靠岸浅海，称内海加网或山加网——渔民把岸称为山。

山加网结实，肉甜，味淡。

体色近似大黄鱼，身量宽肥，生活在较深海域的叫海加网仔。

而体色和肉味介于两者之间的大鼻孔加网，最爱绕礁石洄游。

厦门湾渔人阿强说，其实三种加网仔都有粗细鳞之分。近岸者鳞较细密，也更鲜甜。

不管哪一种加网仔，质味都略嫌粗淡。故而石首鱼科里，它价格不如黄花，体格不如红鼓，腴肥不如春只，爽口不如三牙，鲜美不如梅童。

加网仔的优点却也显著。

眼下我们吃得起的大黄鱼，青金交辉，肥腴可人，却是人工养殖的，质量参差，多数徒有其名。加网仔皆是野生，又是近海讨来，新鲜。

它的价格一直很亲民，到 2023 年，最好的加网仔一斤也不过二三十元，仅梅童鱼的一半不到，更是其族亲、天价野生黄花鱼的几十分之一。吃不起高价石首鱼，我选择它，一样蒜瓣肉，一样松软骨，油香略逊而已。

我最为看重的是，它虽资质一般，却有提升空间，能让你施展厨艺，有化平庸为美味的成就感。

这种石首鱼牙齿仅上颌一枚、下颌两枚，19世纪初绘画的《中国海鱼图解》记录它的广东俗名"三牙仲"，当今闽南，仍称它三牙，中文名是银牙䱛。

世界上的烹调，我认为可归为数种：本味、衬味、摒味、提味、赋味、合味、和味，以及转味——通过腌制、风干、熟成之类工艺，借生物酶分解蛋白质，与腌料合成新味。

日本料理最重本味，辅以转味、增味、提味，追求不烹调的烹调。一个鲍鱼，一条香鱼，都讲究各部位的味道、质感。再借酶、菌、时间、温度转味，或加入甘咸辛酸等元素增味、提味。辅材既讲究又"简单"，只用酱油、鱼汁、柚子醋或香菇、海带之类去衬托主材本味。尤其是刺身，料理的圭臬是突出食材本味，以辅材配合，在口腔里完成"烹调"与呈味。

中国烹调更多的是和味。像中药一样讲究君臣配伍，主材与辅材一起烹调，味道相互渗透，质感相互对比，实现"不同而和"，这是中餐精髓所在。典型者如"佛跳墙"，十几种食材构成质感对比，更完成了多层次和味，

黑瘦的山加网。

大鼻孔加网。

肥实怀子的海加网。

再送入口。

西式烹调偏重赋味。大鱼大肉，几何切割，再添加或者蘸用各色香料酱汁，经常是各种独立单元的拼装组合。

由此派生的食材标准也很有意思，西方人喜欢大块无骨的鱼，方便赋味。东方人喜欢吃一条完整的小鱼，慢慢品尝鱼体各部分的滋味与质感，一个鱼头就能吃出几种滋味。

夏季的山加网，不肥也不瘦。

西方烹调的哲学思维主要是综合，是在个性化、自由选择基础上组合，适应工业化加工。而包括中国烹调、日本料理在内的东方厨艺，则是主体本位和集体主义的融合，它遵从中庸哲学，包含了阴阳转换的演绎。

三

中国从北到南的船底菜，在中国烹调体系里，属简单加工的本味风格，我因此常称其为料理。比如闽南海鲜只用酱油水，甚至只用盐助提本味，借葱蒜姜芹摒腥托味，因为海鲜本味极好。它是天底下最简单的烹调方法，也最得美食精髓，所谓"大味至简"是也。但它也是最难臻至境的烹调，因为手段太简单，菜品质量取决于主材。

料理加网仔，即是一例。

加网仔的缺点是肉松而味淡，用简单办法就能改造。

"急就章"是滚酱油水，佐以青碧大蒜段，压腥、衬味、增色，也变化口感。"无咸不成鲜"，酱油的咸味渗入后，加网仔的鲜味就被提吊出来了。

如果盐腌半小时——闽南人称其"露盐"，吸出鱼体水分，再置盘入蒸，蒸熟了放冷，甚或覆以保鲜膜置冰箱保鲜降温一会儿，肉质就紧实了，盐分与鱼体酶又合作转味，味道会更厚重。

我最常用的做法，是半煎煮。露过盐，煎到略有焦香，请出一边。再爆锅，滚酱油水——有带汁豆豉更好——鲜味就吊出来了。

儿子一向不吃酱油水煮加网，有一回我买了几条海加网，用这半煎煮，他一气儿吃了几条，问是什么鱼，这么好吃。其实不过稍稍露了盐，慢慢煎干到鱼身硬实发香。

不管酱油水还是半煎煮，当天吃不完，隔天再吃，肉略松散。只消放到微波炉转两转，加热和蒸发水分改变肌肉结构，它又紧实了。

闽南大厨都知道做海鲜汤菜的一个秘招：用加网仔汤汁。加网仔炒烂，用它熬汁来煮蟹粥、鱼汤之类，汤浓肉鲜，脂香凝重，食客欲罢不能，不到三碗不开路，奥妙皆在加网仔之力。

石首鱼类多寒天孕卵，加网仔两岁发育卵带。春雨结束、海水澄清，它们游进浅海，寻觅虾蟹等各种饵食，渔民俗称"吃肚"。梅雨前，暴食的加网仔雌鱼，腹部抱卵高高隆起，最为肥美。

梅雨后水清，加网仔又大发一次海，要吃这廉价美味，你莫再错过。虽然一直到秋末厦门湾里都有它，可惜鱼体渐大，没了怀春时节的清纯。

狗鲨：「抗癌鱼」神话至今不衰

条纹斑竹鲨

　　狗鲨，中文名条纹斑竹鲨，学名 *Chiloscyllium plagiosum*；白鲨，中文名尖头斜齿鲨，学名 *Scoliodon sorrakowah*；春鲨，中文名灰星鲨，学名 *Mustelus griseus*，均属软骨鱼纲板鳃亚纲鲨总目。

开海鲜餐厅的一位朋友，在圈里吐槽，说是来了帮衣着光鲜的食客，一进店，看海鲜池里穿梭的缤纷水族，领头老大喜笑颜开。大斑节、红花蟹……推荐什么都说好，什么贵就来什么。末了说，再点条鱼吧，于是老板推荐了厦门人认为夏天最清热去毒的狗鲨。

狗鲨？那老大一脸愤然："我们不吃狗！"一帮人拂袖而去，老板气得发竖。众哥们儿为他解闷气，说别理那货。照那么说，牛屎螺就是牛屎，老鼠斑就是老鼠？

一

人类总用熟悉的事物来命名陌生者。狗鲨，古人说它头形如狗，其实勉强，它只是鼻眼间略有犬类的灵气，虎鲨、豹鲨、猫鲨、老鼠鲨也大略如此。它的大名条纹斑竹鲨还比较靠谱，取其身上有十来段竹节般暗色横纹也。

"围海造田"之前，厦门筼筜港北岸，有一丛黑褐色卵圆礁石压倚交叠，满潮时都没入水里，退潮时则大半出露水面，块垒峥嵘。垒石在水下有暗洞通连，狗鲨就藏匿其中。

我们这些讨海少年的成年礼，就是泅到北岸，在垒石洞捉一尾狗鲨回来。

横渡海湾对整天在海里撒野的孩子来说，算不上什么。莫说退潮时筼筜港只剩下千米左右的窄窄海沟，就是满潮时，泅越两千米到对岸山下，偷地瓜、采野番石榴，吃个肚圆再游回来，也是家常便饭啊。

这考题阴险在：须憋两三分钟的气，潜入曲折洞穴后，借水下幽光抓到狗鲨，还能转悠出来。摸不到出口，困在垒石洞里，一口气用完了，就算捉到鲨鱼，也赔了小命。

生长在多泥质海域的狗鲨，皮色暗褐。

（秦鸿才　供图）

猫鲨，大名是日本须鲨，一身
铜钱状斑点，又会拟态，据说
能浮水面做岩石状，诱食海鸟。

狭纹虎鲨，厦门也叫它角鲨，
是虎鲨里罕见的前后背鳍皆带
棘刺的凶猛品种。

讨海仔谁吵输架不服气，奚落对手的最后一句话就是："有种？去摸狗鲨！"

很遗憾，一直到我洗脚上山插队，这一茬讨海少年，包括我，没人赌命去垒石洞逛一遭并且通过成人仪式。

二

鲨鱼号称海中霸主，不是浪得虚名。鲨鱼锋利的牙齿能轻易咬断手指般粗的电缆。有些鲨鱼有五六排牙齿，除最外排的牙齿，其余为备用，十年内竟要换掉两万余颗。

狗鲨属小型鲨鱼，只有细小的牙齿。细牙不妨碍大脾气，就在那家"吃狗"的海鲜店，我见过一条狗鲨，刚刚被扔入海鲜池，怒气无处发作，遂噙住一条硬骨鳗，精准咬在"七寸"——肝脏之处，虎龙恶斗，一起翻越海鲜池摔到地面，硬骨鳗转头咬住狗鲨腮帮，满地翻滚，直到硬骨鳗缺氧松口，狗鲨也消了气。

人们印象中的鲨鱼，总以阴毒的眼光搜索猎物，满口密密利齿，在暗处游弋，随时可能发起袭击。

（杨位迪　供图）

除了狗鲨，厦门周边近海，长年能捕到的还有一些"皮肉皆同，惟头稍异"的小鲨，譬如梅花鲨、乌翅真鲨、斑点皱唇鲨、白鲨。前三者模样都和狗鲨相近，但头部较扁，身上均是散斑。

白鲨，正名是尖头斜齿鲨，尾部如帚，喜欢成群在海里巡游。它身条修长，头也很尖长，只头侧露出小小、幽深的眼睛和一对水孔，上下颌光滑尖利的牙齿都朝里倒，好像时时在把东西吞进胃里。小时候看到它，我总想起报纸里美国种族迫害狂"三K党"的漫画，一身尖顶白袍，只挖出两个眼洞，阴森可怖。

和可怕的相貌相反，这些小鲨鱼平日生性温良，行动缓慢。它们多栖息于沿海礁砂混合且海藻繁生的海床，白天躲在礁石内，夜晚才出来觅食。

狗鲨大者长三尺，重数斤。它们生命力顽强，脱水两三个小时不死。

它的体表和其他鲨鱼一样，布满由其先祖盾皮鱼的甲鳞特化而来的皮齿鳞，粗如八号砂纸。宰杀鲨鱼的关

乌翅真鲨。

19 世纪初画工在华南绘写的奇异小鲨鱼——豹纹鲨,以俗名标记为"㧅鲨",即狗母鲨。闽粤方言中,九、狗同音,而㧅即母的同义字,读nǎ。

(《中国海鱼图解》)

与狗鲨近似的虎纹猫鲨,差异在胴体斑纹。19 世纪初的中国画工准确绘下怀孕母狗鲨的模样。

(《中国海鱼图解》)

键是除鳞,而除鳞的关键是水温。水冷了,皮齿鳞脱不了,太热会脱皮。

　　熟手处理它,只入大锅滚水翻转一下,或者放脸盆里用开水冲淋,之后拉到水槽用竹刷趁热快速扫除。当然,你得朝外刷,且不能用力过度,否则沙鳞溅你满头满脸。

我家早年不时吃狗鲨。母亲之所以买狗鲨，乃因它便宜。闽南人以前笑人贪便宜买俗货，说"贪俗呷狗鲨"（贪便宜吃狗鲨），带微弱尿臊味的狗鲨，其时乃穷人和傻人的专属食品。

但是，狗鲨现在一斤数百，价如龙虾。

狗鲨身价高腾百倍，缘起于一个传说。传说有人用黄曲霉素喂了八年，一群鲨鱼竟没有一条长癌的，理据是鲨鱼能够分泌一种破坏癌细胞的酶。

从科学上支持这种说法的首先是美国人。1983年，美国麻省理工学院的两位生化博士在权威的《科学》杂志上发表文章称，鲨鱼软骨中的角鲨烯可抑制癌细胞的生长。1994年，美国食品药品监督管理局（FDA）正式批准用鲨鱼软骨制品防治癌症。于是，鲨鱼被视为癌症的绝缘体，用其软骨粉做的治癌良药一时风靡全球。

鲨鱼的"抗癌功能"犹如羽毛之于孔雀，成了致命祸根。癌症患者死命吃，引领时尚的广东人竞相吃，嗜吃鱼翅的中国人加倍疯狂搜购，全世界都疯捕鲨鱼。二十年前，每年有4000万至7000万头鲨鱼被捕杀，国际市场上鱼翅每公斤四五百美元，而鲨鱼肉价格连零头都卖不到，索性扔海里。

虽然科学家已经澄清"鲨鱼哥传说"，公布了至少二十三种会长肿瘤的鲨鱼名单，但狗鲨身价依然坚挺。最近又有人宣布鲨鱼体内存有大剂量的抗癌物质——维生素A，这就搞笑了，富含维生素A的食品多着呢。

闽南人也迷信鲨鱼，神化的却是它的清毒功能。那些家里有细囝嫩崽的老人，总爱买来让细囝"吃清"。

鲨鱼肉味清淡不腥，所以一般清炊油淋、煮豆油水、红焖、盐烤，片肉做羹、肉泥煎饼也行。

闽南人也经常顺肌理把鲨鱼肉切三五厘米成条，用盐和料酒腌过，与茨粉、胡椒拌匀，油锅七分热时放下

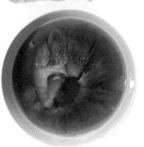

一位朋友为好奇心所驱使，花两三天，泡翅、熬土鸡高汤，做出鱼翅汤。
（陈辉 供图）

炸至浮起，与蒜段、辣椒同炒，曰炒鲨鱼条。将它裹五香粉炸，也是上佳的简单做法。

　　餐厅里比较经典的做法是狗鲨一鱼两吃：鱼肉清蒸，鱼头和骨头煮酸菜汤或酸笋汤。稍有规模的海鲜排档，海鲜池里几乎都活养着狗鲨，让食客临池选鱼。两三斤重一条，就可以两吃。

　　厦门鱼谚说，"六月鲨，狗不拖"。狗鲨在每年三至六月份生殖。产后的狗鲨，体赢肉枯，质味很差，这个时候进市场、上排档，你得注意哦。

夏季生产后的赢瘦狗鲨。
（潘丹芸　供图）

蛔仔：闽粤庶民的透心之爱

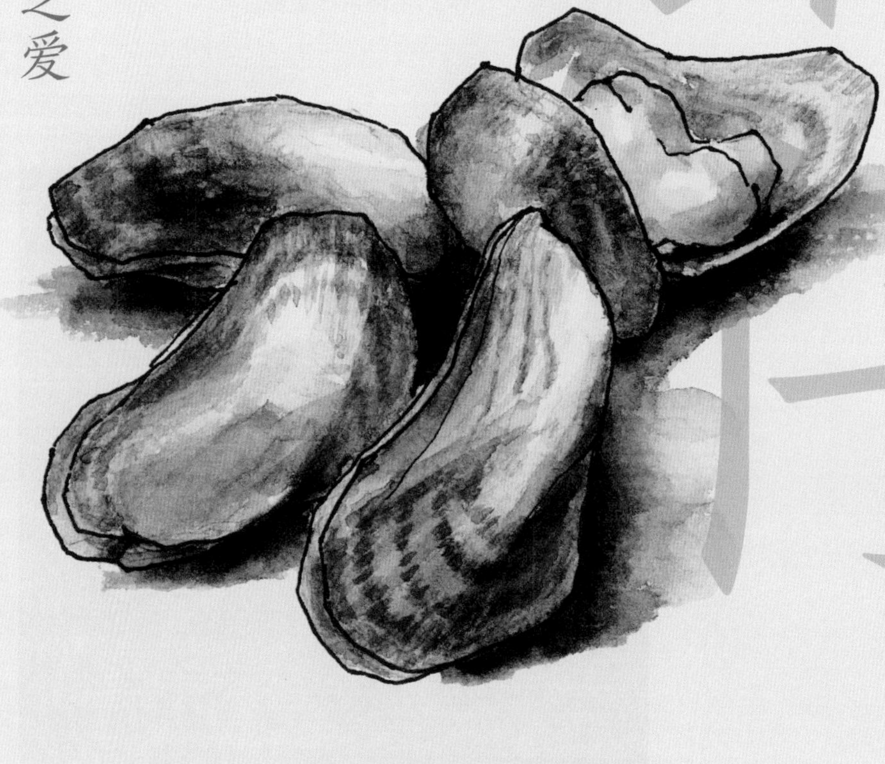

蛔仔

凸壳肌蛤

凸壳肌蛤，学名 *Musculus Senhousei*，贻贝目壳菜蛤科，俗称虾、海蛔、海仔、蝹、乌蛤、乌黏、海沙子，台湾称之为云雀蛤、东亚壳菜蛤。

蛴仔曾经是闽南最贱的贝类之一，除了城里称它蛴仔，农村通称其土鬼，轻蔑待之。李唐赵宋朱明多少个朝代过去了，任谁都不会想到，它竟和不入流小吃面线糊一样，突然昂首步入高档酒楼宴席。在街头巷尾的海鲜排档，"最佳配角奖"早就非它莫属了。

初到厦门的内地游客，看这细小贝类，两弧油光碧亮的"玻壳"大张，托出一颗橘红色的肉囊，犹如碧叶捧红花，感觉俗丽。夹吃两个再抿一口啤酒，顿时惊艳它的鲜甜，更感慨浓鲜小贝与冷冽饮品的绝妙搭配。一气扫净了，招呼点菜小妹："这个海瓜子蛮好的嘛，再来一盘！"

第一次听餐厅小妹称它"海瓜子"，像听野导在耍外地人。笑罢了想，这诨号名副其实呢，一抿一吐，一个接一个，断不了口，是像嗑瓜子。

闽南"老海仙"吃起来，那叫功夫：嗖嗖地几个一口进去，舌头像搅拌机转动，壳肉分离，飒飒吐出壳来，规模化流水作业，说笑间扫空一大盘。

后来知道，北方有地方真用海瓜子来称呼它或梅蛤、彩虹明樱蛤。

蛴仔一个个以络丝相互牵连，野蛮生长，生得成摊成片，斑斑块块散布在潮间带的涂坪、海底。

早年，我们这些讨海少年的夏季活路之一，就是"洗蛴仔"。

蛴仔多养在埕子，乃有主之物。所谓埕子，是海泥在滩涂围筑的"城池"，以蓄水养殖贝类，兼畜鱼虾，也表示领有这个空间。

只有厦门岛西侧笕笃港底的蛴仔，是公有资源，任谁都可去挖洗。但得好水性，和洗浒苔一样，也是两人搭档才好。

水性好的那个，腰系绳子，一端绑着木桶，往港心

台湾雅称它云雀蛤。

彩虹明樱蛤，在浙江以北也叫作
海瓜子。

游去。到蚵仔多的地方，深吸一口气，低头入水，双脚
蹬踢，潜到两三米甚至四五米港底，挖一片连沙带泥的
蚵仔上来，放入木桶。换口气再下去……桶满了，游回
来。水隈边的那人呢，用一只脚在竹皮箩里不断轻踩翻
搅，直到蚵仔里的泥沙尽去。

　　采挖到笸笃港水深处，岸边有人喊话说，顺治皇
帝的战船就沉在那里哦，好好摸摸，顺手把纯金皇帝帽
捞上来——这是笸笃港古老的寻宝神话，就像砍柴的唱
山歌，穷开心。倒是有一回，哥哥潜入水底，正好有两
大一小的妈祖婆鱼——中华白海豚从近旁水面游过，我
骇然大喊。旁人说，没事，妈祖婆是镇港鱼，只打鲨鱼
不伤人。果然，哥哥和他的蚵仔桶，在粉红鱼体间现出
来了。

　　到坞子洗养殖蚵仔的渔人，驾着双桨仔船，退潮时
泊在坞里涂坪上。挈起宽衣大裤下船，把涂坪上的蚵仔
成片挖起，装进笆篓，用泥马运坞沟踩洗。到得潮水涨
起，白花花海浪哗哗地刮来，把船托浮。站在齐腰深水
里的渔人，借水之浮力，把一笆篓一笆篓洗净的蚵仔托

成熟的蚵仔，橘红色的生殖腺透壳而出。

提上去，码在船肚。桨声欸乃，载着渔人和高叠笆篓的双桨仔，向岸划去。一对桨叶画出两道浪，把港路边的红树林摇晃得沙沙作响。

双桨仔靠码头了，板车夫、三轮车夫把一笆篓一笆篓的蚵仔装叠上车，运往各市场。

二二

料理蚵仔的麻烦，是得脱去相互纠缠的足丝。旧时用方形筷子或竹条，将一团团蚵仔搅成串，再把蚵粒撸下。现在市场卖的，都已经是机器剥离的单粒了。

蚵仔春头绿亮多彩，暑热时节壳色暗紫，成熟性腺的橘红、乳白从褐色波纹下透出来，一堆如碎玉玛瑙。性腺未饱满者，只消两三泼夏日阵雨，也就鼓囊发红。

摊主拿起一个，剥开说：你看，有"煌"了。饱满凸起的生殖腺显出艳亮橘红或乳白。个大壳薄，确是上品。

明代何乔远编撰的《闽书》说，"泉州沿海之民，鱼虾赢（古代通螺字）蛤，多于羹稻"。蛳仔多到无处可用了，要么晒干取肉，要么饲鸡喂鸭。

谁让它那么贱呢？屁股大的地方，盛时能洗出一斤。

大饕蔡澜为它惋叹：没有其他海产比它在碗底剩下的汤汁更鲜甜的了。

但地瓜也很好吃啊，早年卖得起价钱吗？

夏天，大人从市场挽回一篮蛳仔，干焗一大盆子，绿莹莹、黄澄澄的，孩子们捧着坐石门槛上，一边借穿堂风纳凉，一边吃这应令零嘴。

锅底浓汤，加水烧沸，下两髻米粉，起锅前撒下丝瓜块、韭菜花。丝瓜脆嫩，贝鲜韭香扑鼻，这样的汤食补汗、解暑，最要紧的是便宜。

另一种家常食法是，热锅爆蒜头，泼下酱油，倒下蛳仔，与葱白、红辣椒丝烈火快炒。片刻，蛳仔开口了，

清炒蛳仔肉。

（叶钊 供图）

九层塔炒蛔仔。

（叶钊　供图）

翻匀咸淡，起锅。蓬蓬松松一大碗，五光十色，金碧辉煌！若勾点薄芡泼下，一盘蛔仔便油光闪闪，笑口大开，凸出肥肚子来。

　　我家小院里有几株紫花"九层塔"，葳蕤蓬勃一大丛。掐几片这诨号叫"金不换"的叶子撂下，出锅的蛔仔，澎湃着罗勒科植物的浓烈药香，那味道真的是金不换。

　　有一回到朋友家做客，她炒的蛔仔气味郁烈，略带南洋之风，一桌人赞不绝口。探问谜底，她披露的"秘籍"是，用厦门伊面的汤料调味！

三

　　潮汕人极喜爱他们唤作"薄壳"的蛔仔，食法比闽地更多，尤其用余出的"薄壳米"——蛔肉炒葱做小菜、

亭士正廣州竹枝詞曲院深深牡蠣牆是也

蠣蜆小蠔也以薑醋蘸生食味甚清脆不覺其腥見

嶺南雜記今邑人皆喜食蠔生

蠣有毛蠣花蠣各種稍巨者俗呼黃甲蠣沉鹽鹵中

名赤蠣味以赤蠣毛蠣為佳

青蟳螯似蠣殼青色圓如鑑大俗謂之虎蟳螯至強

取者必以草縛之張匠門大受詩催蟳生南方八

蹄首似虎兩牙雖繫餘猶可賈林琮詩突兀

猛獸形橫行矜趺扈乍視眈眈欲搏不敢忤登

盤戢爪牙怒目貪嶺親斑駁而陸離文炳君子鱐

澄海縣志 《卷之二十四物產》 圭

撥蟳蟛蜞同類撥蟳形方而扁蟛蜞形尖長而厚腳

有紅白二種且多毛然皆不宜生食醃食以代園

蔬膏頗似蟳

蜆殼青黃色溪澗中所生貧民多爬之為業

花蛤似蜆而大見本草

薄殼聚房生海泥中百十相黏形似鳳眼殼青色而

薄一名鳳眼蜆夏月出售至秋味漸瘠邑亦有薄

殼場其業與蚶場類

鱟形如惠文嶺南錄異云鱟眼在背上雌負雄而行

韓昌黎詩云鱟實如惠文骨眼相負行其血如碧

清嘉庆年间《澄海县志》说，"薄壳，聚房生海泥中，百十相黏，形似凤眼，壳青色而薄，一名凤眼蜱，夏月出售，至秋味渐瘠。邑亦有薄壳场，其业与蚶场类"。可见早年潮汕一带也称它为蜱。

炒粿条、炒干饭等。

许多餐厅推出"薄壳宴"，用蜱仔和其他食材"配伍"，汆、炒、炝、煮、腌、晒，几乎把各种烹调技艺演练了一遍，烹制出二十几道美味佳肴：野菊花薄壳米、芦苇薄壳鸡、笋丝薄壳卷、雀巢甩薄壳、金瓜薄壳钵、芙蓉蒸薄壳、野菜汁薄壳羹、荷叶薄壳饭、薄壳饺等。

2017年我临席品尝，不能不惊叹，这卑贱小贝果真能登大雅之堂。

汕头澄海盐灶村，在宋代以煮盐为业，清代率先大规模养殖这凡贱之物，如今年产值好几个亿。

闽东人把蜱仔称作蜒、乌蜒。他们也把蜒汆到壳肉分离，捞起肉粒来。肉粒加蒜葱姜炒过，再把汤水倒回，慢火让蛤肉吸收汤汁至干，复原了汁味，称为海麦。

三百多年前，聂璜在《海错图》详述此物，我今日读来如重温昨日，沉浸其中。

"蛤形甚小，壳薄如纸。冬时应候而生，遍海涂皆是。不取则为海凫唼食而尽。海人乘撬捞数十筐，淘去泥，煮熟，筛漂去壳，其肉黄色，土名海麦。鬻市充馔，味虽不及蛏蛤，亦另有一种风味。亦可晒干藏蓄。海人熬其余沥为酱，名曰蛏酱，蘸啜亦美。"

海麦最投合当今消费风习，贪婪的舌头无须因剥食而发疼。代价呢，是失去了杀时间的消闲快感。很多时候，我们消费的恰恰是打发无聊的闲适。

如今很难尽情享受这卑贱贝类了，它贵过牡蛎，每斤二三十元。何以如此？大量滩涂被开发养殖高价海鲜，纵有蚵仔，也大多被拿去做对虾饵料。

我大大疑惑：一斤对虾不就几十元吗？也就一两斤蚵仔的价钱，直接卖蚵仔就好，何必大费周章转换蛋白质的表现形态？再说呢，蚵仔在高产海域，一亩能产上吨呢！

但渔农一定精明盘算过，我辈如今唯有怀想。

腌蚵仔做醢，曾经是闽南沿海人家年中必要作业之一。所谓醢，即盐腌海鲜，贮存以做平日配糜（稀粥）的菜咸。洗净、滗干，放入容器，加盐或者酒，封坛，五七天即可食用。盛出装碟后，放点蒜片或拌辣椒丝，增香增色。

我猜测，腌食，是蚵仔最古老的主流吃法。证据是时至今日，老厦门人依旧把新鲜的蚵仔，叫作蚵仔醢。颠倒程度如同把面包叫作面粉。市场上人声嘈杂的蚵仔摊边，一声一句问的是："蚵仔醢，一斤几箍银（几块钱）啊？"

食物形象也渗透进社会。渔村那些单眼皮、小眼微张的女孩子吃亏，被不怀好意者就近取绰号"咸蛔仔酲目"，喻其眼睛像腌渍后微裂细缝的海瓜子。如同村里凸眼的，被取喻终日瞎蹦乱跳的黑瘦跳跳鱼——空锵；而大嘴巴的呢，绰号就叫阔嘴鲈。

蛣形甚小殻薄如紙冬時應候而生遍海
塗皆是不取則為海蟲嗾食而盡海人乗
橇撈數十筐淘去泥煑熟篩漂去殻其肉
黄色土名海麦鬻市充饌味雖不及蟶蛤
亦另有一種風味亦可晒乾蔵蓄海人熬
其餘瀝為醬名曰蛣醬醮啜亦美

《海错图》把它画得细微不堪，怎知它如今地位。

271

鲅仔：人类贫乏的味觉概念

鲅仔

二长棘鲷

　　被闽南人称为鲅仔的主要有两种长棘鲷：二长棘鲷（*Parargyrops edita*），俗名还有盘子、红立鱼、立花、生仔、板立、长旗、赤鳍；四长棘鲷（*Argyrops bleekeri*），俗名长旗立、立鱼、锅盖、胡须鲅仔。

　　黄犁齿鲷（*Evynnis tumifrons*），俗名赤鲸、赤章、凸头鲅、红饼、黄牙鲷、黄鲷。真鲷（*Pagrus major*）包括日本真鲷（*Evynnis japonica*），后者在闽南称七星鲷。均属鲷科。

厦门人把体色红棕的小鲷鱼，称作赤鬃。若按老祖宗说法，赤鬃其实是大条真鲷的别名。譬如《福建通志》注释"赤鬃"："似棘鬣而大，鳞鬣皆浅红色。"清代福建侯官人郭柏苍在所著《海错百一录》里也说："赤鬃大于棘鬣。"

泉州、漳州渔民口里，三十多斤的大条真鲷才够格称赤鬃，潮汕也如此。

厦门人不知何时起，坏了规矩，将赤鬃父名子用。颠倒辈分不说，又把相像的小鱼也挂到这大名下。也就是说，现今厦门人所谓的"赤鬃"，有些是小魬仔，有些是小嘉腊，还有的是大号黄犁齿鲷的赤鯮。

这几种鱼小时候实在太相似了，要品美味嘛，花点心思辨识是值得的。

魬仔唇嘴尖突，背上有两支长长的红鳍棘，正名就叫二长棘鲷。也有的是四支红鳍棘，还有一种更罕见，五支鳍棘。不论几支，赤红鳍棘皆由长而短排列。

少年时期，它们每条半两上下，脊背上不会亮出长鳍棘。即便长出，鱼死威消，俏长的棘旗收拢，不展开看，也很难把它和不长棘旗的赤鬃区分开来。

小嘉腊颌厚眼大，鼻梁比其他同类陡圆，体侧有小白点。

赤鯮呢，体侧鲜红，有五六条钻蓝色点状线纹，叫阿部牙鲷。

几种"赤鬃"质味参差，最好吃的是魬仔，特别是春头鼓腹待产的魬仔。

这些都得行内人才会认真观察。厦门鱼贩用简单哲学概括：每条一两以下的统称小赤鬃。过这尺度的，晋级为魬仔；每条大到四两以上者，叫大魬。

三百多年前日本画家绘制的海洋水族图谱，也按中国古人说法注明：
赤鬃，棘鬣之大者。
（栗本丹洲《鱼谱》）

鲷科的鱼——鲅仔、嘉腊、黄翅、黑翅、芳头仔之
类，鲜冠群鱼，秘密是体肉含较多的次黄嘌呤核苷酸，
能与呈味氨基酸产生"相乘"效应，极大提高鲜味。鱼
失鲜，甚至肚子烂了，味道仍然不错。日本谚语说，"发
臭了也还是鲷鱼"，斩钉截铁地将它们高捧于众鱼之上。

鲷科之中，鲅仔又以鲜味厚重，成为家族翘楚。厦
门人称赞它"鲅仔重煌"。闽南话里，"煌"是光热发散
的意思。重煌，乃言其浓鲜馥郁，犹如铜管乐般宏朗灿
亮，余响长久。

说到鲜味，我要离题扯几句。老祖宗创造了举世无
双的料理手段，煎、煮、炒、烤、煨、炸、炝、炊、烧、
爆、灼、焗、焖、炆、烩、熘、焯、烘、炖、煸……热
烹调方法就有三十多种，但描述味觉的词汇为何如此贫
乏？多看了两篇美食介绍、菜谱，包括鄙人的海鲜文章，
用来用去就那几个词。最后只好借助嗅觉、视觉、听觉

飯仔脸额平些，背上有二支或四五支长鳍条。

鲜味：氨基酸是维系人体生命活动的重要物质，大多数氨基酸有甜味或苦味，少数几种有鲜味或酸味。一般把谷氨酸、天冬氨酸、苯丙氨酸、丙氨酸、甘氨酸和酪氨酸这六种能呈现特殊鲜味的氨基酸称为呈味氨基酸。1985年首次鲜味国际讨论会中，鲜味才被认可为科学字词，用以描述谷氨酸盐及核苷酸引起的味觉。

食物所含氮化合物如氧化三甲胺、嘌呤类物质等也能增强鲜味，鱼的鲜味还与蛋白质、脂肪、糖类等成分有关。

甚至触觉通感，来描述味蕾体验。

"鲜美"这种味觉，汉语很少有词汇描述它。源于唐代中原古语的闽南话，干脆没有这个概念的词汇。说新鲜，用"生"表示——有人曾用"鮏"字，却不知那是古人标示鱼类臭腥的俗字。到头来，鲜美呢，借用"甜"来表示。

甘甜是甜，鲜美也是甜，你说的是哪一种"甜"呢？只能借语境判断。

味觉、嗅觉世界一等敏锐的日本人，不但在鲜与甜方面与国人一样以"甘"来表达，咸和辣也常用同一个词。咸，经常说辛い（kalaii）；辣，也是辛い。如果盐炒辣椒，他喊"kalaii, kalaii"，你不知道在赞美辣呢，还是喊咸。只好问，到底是盐的辛い还是辣椒的辛い？他才说，是潮辛い（xuokalaii），盐咸啦。

英语同此，借sweet（甜）来表达鲜美，此外只有描述感觉的词汇：savor（美味）、meaty（肉味）、brothy（肉汤味）。一直到现代，才借用日语旨み（umami、鲜）来标示鲜味。

我未研究其他语言是否也有这样的"味觉概念贫乏

"鲜"字古字形从鱼从羊,字义是一种鱼,始见于西周金文。《山海经·西山经》说:"禺水出焉,北流注于招水,其中多鲜鱼,其状如鳖,其音如羊。"明代胡文焕图本《山海经》把它画成背负龟壳的模样。用"鲜"字来标示味觉,其实是晚近的事。

症",估计相去不远。

人类从第一口母乳里就尝到了鲜味,并引导舌头分泌唾液、催开胃口,在每日食用的肉类和蔬菜里都体验到氨基酸、核苷酸和鸟苷酸,但到第二个千禧年行将结束,"鲜"才被确认为咸酸甜苦之外的第五种味道,说来真是匪夷所思!

鲜与其他味道、气味复合生成的细分概念,比如南方人偏好的海鲜蛋白腐败香味,闽南话称其为"奥风",当然更无从表达,我无他法,只好借用"燠"字来标示这种带腥味的闷骚香。

按道理,天天得吃饭的人类,不应该在使用频率很高的工具概念里出现这种空白,可是几万年也就这么含混过来了。你不能不惊异于人类探索的重要盲区,竟是离大脑很近的鼻头、舌尖。

比较色卡对颜色的千百种细致划分,舌头一定愤恨人类不公,人类不能开发味卡吗?

对于如此重大的人类文化缺失，牢骚发了也白发，且料理我们的鲯仔罢。

鲯仔既然天生鲜美重味，处置就简单。过去厦门港渔民，抄粥出锅后，把鲯仔一圈圈贴在锅里，借余烬烤熟。鱼熟了，粥也凉了，趁热把鱼扫鳞，蘸酱油配糜。省工节能，自然天成。

简单的做法还有蒜蓉炊鲯仔。鲯仔入盘，蒜蓉盖面，稍施酱油，水沸后隔水蒸六七分钟，鱼眼爆出来了，即可上桌。

露盐干煎是转化鲜味和质感的常用做法。鱼身两面各刜两三刀，抹盐，搁半个时辰，慢煎到金黄略焦，配饭，或就是素嚼干吃，也会让老饕哑味良久，沉吟低回。

堪称厦门经典的鲯仔料理，是干煎后煮酸笋汤。

酸笋是中国南方人群偏好的食材。对这奇异之物，只有爱与不爱，单边主义，没有中间路线。外地人初到南方，见酸笋皆掩鼻而过之，暗暗发笑：到底是蛮夷遗风，不怕酸臭。经历几次南方酷暑的煎熬，口与胃拒绝合作了，方知这酸臭不堪之物，乃治厌食症奇药，领会了用它煮酸辣汤的妙谛。

酸笋配海鲜，有多种常见的烹调组合，例如酸笋煮竹甲鱼，但最佳拍档是浓鲜重煌的鲯仔。天生浓鲜的鲯仔与发酵出位的酸笋，秉性迥异，一入锅就碰撞厮打，冲激起一道道气浪。更有辣椒混入助势，搅得云水磅礴、风雷激荡。入口后，霎时五味轰然，漫天翻滚，味道一层层呈现出来，撞击、掩杀、退却、回旋、反扑，良久才云静风歇。

我认为这道菜，堪称"最厦门"菜肴的代表之一，可与识别鲯仔一起，做自测"新厦门人"容受闽南文化的试题。

你觉得煎完再煮太复杂？有简化模式。

干煎鲯仔。

酸笋煮鲅仔。

　　刮鳞后，在鲅仔脑后至尾巴之间斜切一刀，夹入重盐。待鱼体水分被盐吸出，瘪皱如老翁皮纹时，热锅爆姜，放水煮酸笋、红辣椒丝。汤沸了，把鱼放入，起锅前撒上韭菜花段，成了。渔老舢（**船长、舵手**）康玉山说，这种"开刀鲅"，在厦门港渔民中一度很风行。

数年前出版《厦门吃海记》时，就设想做多图版《吃海记》——再详尽的文字也不如图片直观，也借机补遗和订正舛误，并续写新品种。

拍摄大量图片，于颤抖老手来说日益困难。遂请同学廖荆明、草根堂主张霖、美食名摄林佳强、老广告人野熊、摄影高手洪霆、海珍缘私房菜郭继超、厦门海洋学院龚菲菲帮忙。老朋友黄绍坚不时发来国外馆藏图谱，老朋友林聪明、王莹、刘瑞光都在帮我留心资料，海鲜大咖刘岚、海钓达人蔡黎翡以及报人陈文波、王寒为我索图，老友钟毅锋、黄平生、吴维燕帮我联系拍摄者。

同时厚着脸皮四处要图。福州美食大咖马语、海钓高手林志坚闻知，都将上千张海鲜图片拷盘寄来。专业人士刘毅、钟丹丹、张继灵、蔡祥山、杨晖、冯洪江、朱敬恩、黄端杰、杨位迪、林东浩、林宏杰、连永忠、莫晓敏、吴杰、叶钊、吴友江等也慷慨分享美图。海洋科普群里的朋友也都有求必应。

必须说明的是：个别图片我收存时可能忘记存下或混淆了姓名，而因手机故障个别提供者找不到联系方式，都请发现后与我联系。这里先郑重致歉。

本书使用许多公共版权的照片、图片，隔着辽远时空，我对那些拍摄者、绘制者和保存者，表达高度敬意。

《吃海记》脱胎于《厦门吃海记》，写作母本时得到过无数帮助。唯该致谢的名单太长了，只能敬略，恳请诸位见谅。感念杨璐博士当时作为第一读者帮我把关，她推荐的黄建荣博士成了我后来不时讨教的老师。东山老海人沙茂林和厦门港老渔人康玉山、曾伟强，则一直是我的活词典。

烹调解说是我那三脚猫厨艺不胜其任的，幸好能不时请教中国元老级注册烹调大师童辉星和他的诸多弟子，以及陈永川、曾华益、林庆祥诸位大师，在此致谢。

各篇题图沿用发小庄南燕为《厦门吃海记》所绘画作，它们依然为本书赋彩生辉。郭长见赠我韩国鱼书，还为本书创作插画。帮助创作插画的还有曾合作"蓝碳"科幻小说的伙伴刘哲姝。

所幸生活在厦门这个中国海洋科学重镇，许多专家成了我随时请益的老师；所幸有各地同好可八方求教……终于让这些海族波臣能以比较高的鲜度收网。

书稿编撰过程中，我的学生张伟伦一直远程协助，寻找、处理图片和校核内容，非常仔细而高效。老同事郭航慨然承担本书编排，页面净美而新奇迭出。缘分这个词，显出了异常的分量。

特别感谢易中天、朱振藩、欧阳应霁、张辰亮诸位大家，热情推荐本书，令我不能不倍加发奋。

虽然有众多扶持，因本人学识所限，错漏难免，衷心期待专家、读者朋友的指正。

朱家麟

2023 年 12 月 8 日